海鲜油卤水
达州油卤水
现卤现捞
烤箱卤水
经典甜皮鸭
卤浸小龙虾
传统椒麻鸡
香辣卤水
泡菜卤水
麻辣卤水
热辣鸭卤
鸭头卤水

川味卤水卤菜调制宝典

四川烹饪杂志社 编

四川科学技术出版社

图书在版编目（CIP）数据

川味卤水卤菜调制宝典 / 四川烹饪杂志社编. -- 成都:
四川科学技术出版社, 2022.11（2024.9重印）
ISBN 978-7-5727-0737-7

Ⅰ.①川… Ⅱ.①四… Ⅲ.①川菜—凉菜—菜谱
Ⅳ.①TS972.121②TS972.182.71

中国版本图书馆CIP数据核字(2022)第207412号

川味卤水卤菜调制宝典

CHUANWEI LUSHUI LUCAI TIAOZHI BAODIAN

四川烹饪杂志社　编

出 品 人	程佳月
责任编辑	程蓉伟
装帧设计	程蓉伟
封面设计	程蓉伟
责任出版	欧晓春
出版发行	四川科学技术出版社
地　　址	四川省成都市锦江区三色路238号新华之星A座
	传真：028-86361756　邮政编码：610023
制　　作	成都华桐美术设计有限公司
印　　刷	四川华龙印务有限公司
成品尺寸	170mm×240mm
印　　张	12.5
字　　数	200千
版　　次	2023年1月第1版
印　　次	2024年9月第3次印刷
定　　价	48.00元

ISBN 978-7-5727-0737-7

邮购：四川省成都市锦江区三色路238号新华之星A座25层
邮购电话：86361770　邮政编码：610023

前言

　　卤菜，是中餐烹饪的重要组成部分。从古至今，从南到北，大到一座城市，小到一方小镇，尽管地域有别，饮食习惯迥异，但都在各自的水土上，孕育出了一些特色鲜明、声名远播的风味卤菜，比如东北的酱骨头、上海的酱鸭、河南安阳的道口烧鸡、山东的德州扒鸡、浙江的香卤猪肘、南京的盐水鸭、武汉的卤鸭脖、广东的潮汕卤鹅头，等等。

　　在四川地区，卤菜同样是川菜菜系的重要角色之一，具有非常鲜明的蜀地特色。许多传统卤菜传承久远，风味独具，在当地人迎宾待客和一日三餐中，始终保持着极高的出场率，比如乐山的甜皮鸭、古蔺的麻辣鸡、阆中的张飞牛肉、成都温江的万春卤肉、成都洛带镇的油烫鹅，以及成都的盘飧市、无字号牛肉等店家的卤菜。

长期以来，卤菜都是广受大众喜爱的一种传统美食，天南地北概无例外。诞生于不同地域的各式卤菜，都或多或少带有当地的饮食气息，其卤水配方和卤制环节，也各有独到之处，充分表达了不同地域饮食风味的个性色彩和味觉元素。就川式卤菜而言，川味卤水多以传统咸鲜五香味和香辣（麻辣）五香味为主，这两种复合味看似寻常无奇，但绝不能视为几种单一调味料的简单叠加，它是将卤制原料与多种调味料予以不同的组合、搭配，再经过一系列加工工艺后最终得以升华的产物。到底如何调制卤水配方，虽然一两句话很难表达清楚，但万变不离其宗，卤菜制作必须跨过的第一道门槛，就是要熟悉各种香料的特性，深入掌握其不同的组合方式，了解彼此之间的相互作用，以及实际运用的诸多技巧，只有这样，才能达到"五味调和"的理想境界，从而烹制出色、香、味俱佳的美味卤菜。

　　本书内容从香料的识别，讲到卤技的剖析及卤味入肴的运用，是在《四川烹饪》杂志2008年至2022年涉及川式卤水、卤菜相关内容的基础上精心编撰而成。参与编写人员如下，第一讲：阎红、田道华、张先文、孙维承；第二讲：李阳六、张先文；第三讲：孙维承、张先文、周思君、刘全刚、廖思国、张红、李兵、王真、鲁礼才、杨启强、陈桂林、陈兰明、张冬；第四讲：张先文、杨稳、周思君、廖思国；第五讲：牛国平、牛国强；第六讲：田道华、李忠平、王兆华、王婷、王诗武、付丽娟、周思君、张先文、熊焱等。图片由程蓉伟、龙小平及《四川烹饪》的编辑、记者等提供。稿件由田道华、王婷、谢艳统筹。

　　最后，要特别感谢众多餐馆经营者、菜品制作者对本书采编工作的大力支持，还要感谢四川烹饪杂志社社长王萍萍、原总编辑王旭东先生对本书的建议和关心。当然，卤菜是千人有千法，且各有妙招，欢迎更多的行业朋友指正，并把自己的宝贵经验也分享出来。

四川烹饪杂志社总编辑　田道华

2022年10月

目录

第一讲　川味卤水常用香料 ················· 001

　壹　川味卤水调制常用香料简介 ················· 003

　贰　怎样鉴别卤菜制作中的常用香料 ················· 021

第二讲　传统川式卤水的起制 ················· 025

　壹　传统川式五香卤水的制作攻略 ················· 027

　贰　川式卤水有哪些制作难点 ················· 057

第三讲　新派川式特色卤水的起制 ················· 059

　壹　五香麻辣卤水制作攻略 ················· 062

　贰　川式新派香辣卤水制作攻略 ················· 069

　叁　达州油卤水制作攻略 ················· 074

　肆　海鲜油卤水制作攻略 ················· 080

　伍　鸭头卤水制作攻略 ················· 087

　陆　泡菜卤水制作攻略 ················· 092

　柒　烤箱卤水制作攻略 ················· 097

　捌　热辣鸭卤制作攻略 ················· 101

　玖　新版椒麻鸡制作攻略 ················· 109

　拾　传统椒麻鸡制作攻略 ················· 116

拾壹 经典甜皮鸭制作攻略 ———————————— 119

拾贰 卤浸小龙虾制作攻略 ———————————— 122

第四讲　现卤现捞的制作 ——————————————— 125

壹 现卤现捞的前世今生 ———————————— 127

贰 香料与辣椒在现卤现捞中的应用 ————————— 133

第五讲　卤菜干碟蘸粉的配制 ———————————— 145

第六讲　至味卤菜烹饪实例 —————————————— 151

风味卤水拼 ——————————————————— 152

花椒脆皮手 ——————————————————— 153

烧椒拌猪脚 ——————————————————— 154

剁椒猪天堂 ——————————————————— 155

酱香边骨 ———————————————————— 156

酱香猪脚 ———————————————————— 157

醋香糯蹄 ———————————————————— 158

干拌肺片 ———————————————————— 159

新法夫妻肺片 —————————————————— 160

老皇城肺片 ·· 161

藤椒牦牛肉 ·· 162

酥椒牛肉条 ·· 163

手撕方块牛肉 ······································ 165

脆椒嫩牛肉 ·· 166

豉香嫩仔兔 ·· 168

干烧蹄筋 ··· 169

琥珀牛肉 ··· 170

古法酱黑鸭 ·· 171

炝椒拌金钱肚 ······································ 172

莲花麻辣鸡 ·· 173

川卤小甲鱼 ·· 174

酒香猪肝 ··· 175

香卤带鱼 ··· 176

烧椒拌鸭掌 ·· 178

水煮鹅片 ··· 179

烧椒鲍鱼 ··· 180

现卤鲜鲍 ··· 181

卤煮小龙虾 ·· 183

泡椒猪三宝 ·· 184

炭火烤猪蹄 ·· 185

牛蝎子卤味火锅 ··································· 186

煳辣卤水鱼 ·· 187

豆筋炒卤肥肠 ······································ 188

小炒卤拱嘴 ·· 189

第一讲　川味卤水常用香料

香味调料简称香料，在烹饪中具有增加菜点香味、压异矫味、增进食欲、抑菌杀菌等作用。在实际应用中，根据香型的不同，又将香料分为芳香类香料、苦香类香料和酒香类香料三大类。芳香类香料是指气味纯正、芳香浓郁的香料，如八角、桂皮、小茴香、丁香、香叶、香茅草、紫苏等；苦香类香料是指香中带苦的香料，如陈皮、白豆蔻、草豆蔻、肉豆蔻、甘松、木香、砂仁、草果、山柰、白芷、草拨等；酒香类香料是指醇香浓郁的酒类调味料，如黄酒、啤酒、葡萄酒等。下面，我们将着重介绍一些在卤菜制作中经常用到的香料。

壹 川味卤水调制常用香料简介

白豆蔻

白豆蔻又称为豆蔻、壳蔻、白蔻仁、白蔻、蔻米等，为姜科多年生草本植物白豆蔻的果实，卵圆形，表面黄白色至淡黄棕色，有皱纹。

白豆蔻气味芳香，常常作为卤菜、酱菜、火锅的一种组合香料；热菜中也有以白豆蔻为主要调味料制成的菜肴，如山西太原"六味斋"的"蔻肉"；此外，白豆蔻也是配制咖喱粉、五香粉的主打原料之一，在调制复制酱油时也会用到它。

荜拨

荜拨又称鼠尾、补丫、椹圣等，为胡椒科多年生藤本植物荜拨的果实，干燥后为细长的果穗，圆柱形。表面黑褐色或棕色。

荜拨果穗味辛辣，有类似于胡椒的特殊香气。在烹饪中，多与其他香料配合用于肉类烹调，如以烧、烤、烩等方式制作的卤汤或调制火锅底料。偶尔也可单用，如制作"荜拨鱼头""荜拨鲫鱼羹""荜拨粥"等。

灵香草

灵香草又称黄香草、满山香、零陵香、燕草、铃铃香、铃子香等，为报春花科多年生直立或匍匐生草本植物。

灵香草全株气味芬芳，味略苦，干品多作药用，也是西北地区民间过端午节时制作香包的主要香料。在卤水制作中加入灵香草，可起到增香、防腐、保色等作用。此外，在麻辣火锅、麻辣烫的汤底中，有时也会加入灵香草。

甘草又称甜草根、红甘草、粉甘草、粉草、蜜草、国老等，为豆科多年生草本植物甘草、胀果甘草或光果甘草的干燥根及根茎。

甘草的根及根茎具有独特的甜味和芳香味，其呈甜成分主要是甘草酸及甘露醇、葡萄糖等。甘草酸的甜度是蔗糖的50倍，故甘草的甜味尤为突出。烹饪中多用于配制卤水和火锅底料，也可用于特色菜肴的调味，如"桂皮甘草牛肉"等。虽然甘草是药膳的常用原料，但不宜长期大量食用，否则会引发水肿、血压升高、血钾降低、脘腹胀满、食纳呆滞等症。

甘草

香茅草

香茅草又称柠檬草、香茅、柠檬茅、香巴茅、大风茅、姜草等，为禾本科多年生草本植物。

香茅草具有浓郁的柠檬香气，既可药用，也是一种重要的香料植物，用途很广，可以提炼精油，可以做成香薰，也可用于食品调味。烹饪中多选用香茅草的茎叶，刮去鲜茎外皮后，使用里面的白色茎髓部分，既可整根使用，亦可切碎或与其他原料混合后捣成浆使用，干茎则需浸泡后使用。香茅草多用于汤品、菜肴、甜点增香，在东南亚地区及我国云南少数民族的菜肴烹制中比较常用。

排草又称香排草、排香草、细梗排草等，与灵香草一样，同属报春花科植物。

排草为一年生草本，全株有特殊香气，既是我国民间常用的传统草药，也是提取排草香精的重要原料。排草具有增香、和味与防腐作用，故在烹饪行业中有"灵香草增香，排草防腐"之说。近年来，在麻辣火锅、卤水中常作为香料使用。

排草

丁香又称丁子香、鸡舌香，为桃金娘科常绿小乔木丁香的干燥花蕾。丁香的干燥花蕾称为"公丁香"，略呈短棒状，长1.5～2厘米，红棕色至暗棕色。浆果红棕色，长2～3厘米，直径0.6～1厘米，干燥后称为"母丁香""鸡舌香"。

丁香具有浓烈的香气，并略带辛辣味和苦味，但加热后味道会变柔和。烹饪中具有赋香、压异、杀菌的作用，常用于卤菜、酱菜制作，如"酱鸭""丁香鸡""玫瑰肉"等，偶尔用于烧菜，是复合香料的常用配料之一，也常用于制作灌肠、香肚等，但用量不宜过大。

孜然又称为安息茴香、藏茴香、枯茗、欧莳萝等，为伞形科植物安息茴香的干燥果实。

孜然为双悬果，矩圆状卵形，形似小茴香，但更瘦长。果实经干制后作香辛料使用，具有独特而浓郁的香味。由于其压抑膻味效果明显，故适合于膻味较重的牛羊肉菜点制作，它还是烹制烧烤味菜肴不可或缺的调味香料。孜然香味易挥发，所以，孜然粉多用于主料加热成熟后的涂抹、裹蘸或撒拌。如果长时间加热，则要用孜然粒。

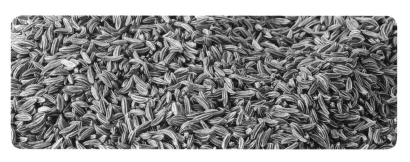

小茴香又称为茴香、小茴、谷茴香、小香、刺梦等，为伞形科多年生宿根草本植物茴香的果实，形如稻粒，黄绿色。

小茴香的鲜嫩茎叶可作为蔬菜用于凉拌或制成馅心；果实作为香料，常用于烧菜、卤菜、酱类菜式的烹制。因小茴香的果实颗粒细小，故常常包裹后使用，亦常研磨成粉，用于复合调味品的配制，如五香粉、十三香等。相对卤水而言，小茴香在麻辣火锅底料配制中的用量更大。

甘松又称甘菘、甘松香、香松等，为败酱科多年生矮小草本植物，在每年秋末冬初茎叶即将枯萎时将根挖出，除去残茎及须根后，通过阴干或晒干得到成品甘松。

甘松成品根茎略呈圆锥形，多弯曲，外层呈黑棕色，内部呈棕色或黄色。全株具有类似松节油的强烈香气，味苦而辛，带有一种清凉感。作为一种传统中药材，甘松既可用于茶饮、煮粥及养生汤的制作，也可作为香料，但用于火锅、卤菜调香时，用量不宜过多。

八角又称大茴香、大料、八角茴香、舶茴香等，为木兰科植物八角属植物的干燥果实。八角的聚合蓇葖果多为八角形，少为五角形或六角形。按照采收季节的不同，可分为秋八角和春八角两种。秋八角色泽红艳、果实肥壮、香气浓郁，品质优于春八角。

八角是应用非常广泛的烹调香料，常作为主香料与其他香料共用于炖、焖、烧、卤、酱等菜式中，也是配制复合调料的主要香料，如五香粉、十三香、云南卤药等。

通常被称为桂皮的香料主要有两个来源：一种为中国桂皮，又叫玉桂、牡桂、筒桂，为樟科植物桂树的树皮，系我国特产香料；另外一种是来自异域的锡兰桂皮，成品呈卷筒状，褐色。锡兰桂皮与中国桂皮的不同之处在于，前者仅选用内外均光滑的树皮内层。

桂皮是中餐烹调的常用香料，经常与八角一同使用。常以筒状、块状或粉状运用于肉类原料的烹饪。桂皮还经常被加工成粉状，作为配制复合调味料的重要原料，如五香粉、十三香等。

陈皮

陈皮是将柑、橘、橙等成熟果实的果皮干燥后所得。烹饪中主要起提味增香、去腥解腻的作用。陈皮常作为组合香料用于卤、酱等菜品的制作，或是以较大的量用于烧、炖、炸收等方式制作的畜禽类菜肴当中。此外，亦可切成丝状、粒状用汤水浸泡后，再用于风味糕点、风味凉菜的制作或装饰，或用于复合香料粉的配制。

使用陈皮，需先用水浸软，使其香味外溢，降低苦味，然后再改刀入烹。需要提醒的是，在使用新鲜柑橘的果皮时，要尽量切取最外层的部分，而不要用内壁白色部分，这样可避免苦味过重。

草豆蔻又叫草蔻、老蔻等，为姜科植物草豆蔻的干燥成熟果实，表面灰褐色。

草豆蔻具有芳香、苦辣的风味，属于苦香型香料，外形很像人的脑髓。草豆蔻又分为正草蔻和杂草蔻，一般使用的是正草蔻，可有效去除肉类食材中的腥味、膻味、怪味、异味，是使用频率比较高的增香去腥、矫味增味类香料，它的一大特点是能增加肉类的脱骨香，但一次性用量不宜过大。

草豆蔻

高良姜又称海良姜、佛手根、小良姜，为姜科多年生植物高良姜的根状茎，圆柱形，直径1～1.5厘米，表面有细纵纹和波状环节及须根残痕，质地坚韧，不易折断；断面淡棕色，具纤维特点及粉性。

高良姜具特殊芳香气，可用于火锅、卤菜、酱菜和烧菜。高良姜不仅经常与其他香辛料混合使用，而且还是制作五香粉等复合调料的主要原料之一。在我国广东潮汕地区，高良姜是使用非常广泛的香料，常将其斩碎或绞碎后，直接或取汁液加入菜肴、小吃及调味碟中，以增香赋味。

香叶又称月桂叶，为樟科月桂树属常绿小乔木月桂的树叶。香叶具有丰富的油腺，揉碎后会散发出独特的清香气味。月桂的树皮亦是甘甜、温和、芳香的调味香料。

香叶具有浓郁的甜辛香气，兼有类似柠檬和丁香的气息，后味略苦。烹饪中用其干燥的叶片或干叶碎片，常用于肉类、鱼类烹制，还可作为腌腊制品的调味料。香叶是西式烹调中的常用香料之一，尤其在法式和意式菜点的制作中最为常见。在中式火锅和卤菜制作中，也可根据需要适当使用。

肉豆蔻又称肉果、肉蔻、玉果等，为肉豆蔻科肉豆蔻属常绿乔木植物的种子，梨形或近圆球形，表面淡红色或淡黄色。

肉豆蔻味浓香，略带甜苦味。新鲜肉豆蔻衣晒干后，磨成粉即可使用。肉豆蔻的种子十分坚硬，使用时需用专门的肉豆蔻研磨机、肉豆蔻擦板或小刮擦摩擦制成粉。肉豆蔻在中餐烹饪中常与其他香辛料混合用于煮、卤、烧、烫等菜式当中。由于肉豆蔻精油中含有肉豆蔻醚，如食用过量，会使人麻痹，产生昏睡感，故烹调中应控制好用量。

白芷为多年生高大草本，根圆柱形。白芷属于苦香型香料，全国各地均有，以四川遂宁产的川白芷最佳。

作为"十三香"的组合原料之一，白芷是香料类家族中的重要成员，其味略苦，气芳香，可用于煮、卤、酱、烧、焖、烩、蒸、炸、烤、腌等多种烹调方法。在火锅底料和卤水制作中使用，具有去除异味、增加辛香、减少油腻、保鲜防腐、调节口味和增进食欲的作用，堪称香料里的超级去腥料，常与八角、桂皮、丁香、小茴香等组合使用。

草果又称草果仁、草果子等，为姜科多年生丛生草本植物草果的果实，干后质地坚硬，呈纺锤形、卵圆形或近球形，幼果鲜红色，成熟时为紫红色，烘烤后呈棕褐色。

草果既是中药，也是烹饪中的常用香料之一，果实入药，具有燥湿健脾、除痰截疟的功效；用作调味香料烹制菜肴，可去腥除膻，增进菜肴香味，尤其对消除兔肉的草腥味特别有效。草果多用于火锅汤料、卤水和复制酱油的调味，也可用于烧菜及拌菜，还可用于复合香料粉的配制，被视为食品调味中的"五香"之一，但在使用中要控制好用量。

山柰又称沙姜、山辣、三奈、山奈子等，为姜科多年生宿根草本植物山柰的干燥地下块状根茎，具有芳香气味，通常是将根茎切片并经干制后使用。

山柰食药两用，味辣而芳香，在香囊和蚊香中多加有此料。作为调料使用，山柰可为膳食增香添辛、除腥解异，还可增进食欲。在烹饪中常常与其他香料配合使用，如制作鸡、鸭、牛、羊、猪等肉食菜肴，以及调制火锅底料、卤水、酱汤等。

木香又称云木香、广木香等，为菊科植物多年生宿根草本植物云木香的干燥根，圆柱形，具特殊香气。

成品木香呈圆柱形或枯骨形，上粗下细，质坚硬，多做药用。木香芳香浓烈，味苦辛，其增香祛异的功能非常强大，特别适用于牛、羊、猪等腥味比较重的肉类食材中，民间有"牛肉见了木香没脾气"的说法。在火锅及卤水配制中亦有使用，主要是发挥其提味增香的作用。

砂仁又称缩砂仁、春砂仁等，为姜科多年生草本植物砂仁的果实。砂仁的蒴果呈椭圆形，紫色，干燥后为褐色。种子多角形，味芳香。在我国，常用的砂仁有三种，即阳春砂（产于广东阳春等地）、海南砂（产于海南等地）、缩砂（产于泰国、缅甸等地）。

砂仁芳香浓烈，多用于卤菜、卤汤、火锅调香，有时也单用于特色菜肴的制作，如"砂仁肘子""砂仁蒸猪腰""春砂鸡"等。此外，还被用于复合香料粉的配制。

罗汉果是葫芦科多年生藤本植物的果实，被誉为"神仙果"。从烹饪功能上看，罗汉果属于芳香型香料，将其用于卤水制作，可让整体香味更能呈现出清新、柔和的质感。

在一些极具麻辣风味的卤水中，罗汉果中所含有的甜味，可对辣度起到缓冲的调和作用，让辣度倾向于更加合理的范围，从而让其他香料的香味有更好的展示空间。此外，罗汉果的甜味有别于甘草的甜味，同时让它具有另外一种能力，那就是干扰苦味的形成，对于卤水整体风味的呈现，具有重要的积极意义。使用罗汉果时，只需将其捏碎即可。

薄荷为唇形科植物薄荷或同属其他种薄荷的茎叶，多生长于小溪沟旁、路旁及山野湿地，有"亚洲之香"的美誉。在我国，除西北地区外，其他地域广有栽培。

古有薄荷去鱼腥的说法。薄荷具有清凉感的芳香，用于卤菜除可赋香外，利用其挥发油加热后易挥发的作用可以矫除异味，用于肉类或鱼肉烹调可去除腥臊气味，还可减少油腻和利于防腐。中医认为薄荷味辛，性凉，入肺、肝经，具有散热解毒功能，还可制成薄荷油使用。

栀子是茜草科植物栀子的果实，具有护肝、利胆、降压、镇静、止血、消肿清热等作用。果卵形、近球形、椭圆形或长圆形，黄色或橙红色。

栀子是秦汉以前应用最广的黄色染料，其果实富含栀子黄素及藏红花素等，其用于染黄的物质为藏红花酸。栀子具有着色力强，颜色鲜艳、明快，无异味等特点，因而被广泛运用于糕点、糖果、饮料等食品的着色工艺中。在卤水里加入栀子，主要是起提色、上色的作用。

红豆蔻又叫红蔻，属于苦香型香料，为姜科植物大高良姜的干燥成熟果实。秋季果实变红时采收，在除去杂质、阴干后使用。

红豆蔻的香辛气味与肉豆蔻、高良姜近似，但比高良姜浓郁，甚至超过小良姜，有类似于白豆蔻的功效。就其作用而言，红豆蔻能丰富卤水的辣香味，可赋予食材更为深层的香气，而这种效用在搭配砂仁、草豆蔻、白豆蔻、荜拨等常用香料后，可以更好地体现出卤菜回口的香气，也就是人们常说的"后香"，从而改善肉质口感，丰富卤菜的香味层次。

紫草又称硬紫草、软紫草等,为紫草科紫草属植物。多年生草本,根系富含紫色物质,春秋两季采挖,在除去泥沙、干燥后使用。

紫草多作药用。运用于卤菜制作,其作用与栀子、红曲米、姜黄的功能比较相似,主要是发挥它的增色、调色作用,一言以蔽之,加入紫草的目的,就是为了增加菜品红色的色度。从实际情况来看,紫草对肉类原料的上色效果更为显著,但必须强调的是,由于紫草带有苦涩味,故用量不宜过大。

辣椒为茄科、辣椒属一年或有限多年生草本植物,品种极为丰富,常见的有牛角椒、长辣椒、菜椒、灯笼椒、朝天椒等;颜色有红色、青色、紫红色、黄色等。

辣椒是卤水中最为常用的调味料之一,具有去腥除膻、增香添色的作用,可主导卤菜辣味、香度和色泽的走向。在川式卤水中,比较常用的辣椒有二荆条、印度辣椒、灯笼椒、朝天椒和小米辣。辣椒大多用于辣卤、油卤和现卤这几种卤制方式中,还常常用于卤菜蘸碟的配制。

花椒是芸香科、花椒属落叶小乔木植物花椒的果实，以四川出产的品种最为有名。花椒气味芳香，有麻味，品种繁多，按颜色分，有红花椒、青花椒；按干湿度分，有鲜花椒、干花椒。

在卤菜制作中，花椒有除腥去膻的作用，还能表现出一定程度的麻味，在咸鲜五香味卤水里的用量不多，但在麻辣卤水里，为了刻意突出麻的风味，往往会加大用量。此外，在给卤菜原料码味时，花椒也能起到去异压腥的作用。由于青花椒和红花椒在卤水中的作用有所不同，故在使用中必须区别对待。

多香果又称牙买加胡椒、多香子等，是桃金娘科多香果属热带常绿乔木的果实，圆球形，外皮粗糙，与黑胡椒比较相近，具强烈的芳香味和辛辣味，有类似于丁香、桂皮和肉豆蔻的综合香味。

多香果广泛用于果酱、烘烤、腌渍食品和肉馅的调味，也可用于鱼类、肉类菜肴的增香，或磨成粉末加入汤类中使用。另外，多香果树的叶子也可作为香料使用。多香果用于卤水调味，可代替丁香、桂皮和肉豆蔻使用。

牛至叶又称牛至草、比萨草叶、阿里根奴等，是唇形科牛至属多年生宿根性草本植物叶的干制品，有药草味，木质香，略带香料感。牛至叶香气通透、味道温和，与牛膝草相似，有悦人的辛辣味、苦艾味和樟脑味，香味很浓，后劲略有苦味。

牛至叶多与罗勒叶搭配，是一种西餐常用香料。剁碎后可用于拌制沙拉或调制蘸鱼的奶油酱汁，也可用于烤肉、比萨、奶酪中。牛至叶的干叶比鲜叶更香，用于卤菜制作可以提香增味。

迷迭香为唇形科迷迭香属植物的茎叶，是一种天然香料植物，生长季节会散发出一种近似于甘草与薄荷的混合清香味，其花和嫩枝能提取芳香油。

迷迭香属于清香型香料，香味十分通透，而且出香速度很快，多用于肉类原料的烹饪，也可切碎后用于码味赋香和馅料调制，在西餐中比较常用，如煎烤牛肉、羊肉或鸡肉的时候。迷迭香既可鲜用，也可干制后研磨成粉使用，用于卤水中，可增香赋味。

百里香又称地椒、地花椒、山椒、山胡椒、麝香草等，为唇形科植物地椒的茎叶。《本草纲目》记载，百里香"味微辛，土人以煮羊肉食，香美"。

百里香富含芳香油，是一种香料蔬菜，整株都具芳香的气味。百里香是烹调中常用于增香、矫味的调味品。做海鲜、肉类、鱼类等食品时，可加入少许百里香粉，以除去腥味，增加菜肴的风味。腌菜和泡菜中加入百里香，可提高其清香味和草香味。

桂枝为樟科植物桂树的嫩枝，圆柱形，外表棕红色或紫褐色，香气浓郁，味甜微辛，以质嫩、色红、气香者为佳。桂树可谓全树为宝，成年桂树的树皮，便是人们常用的桂皮，而它的嫩枝就是桂枝。

桂枝的味道具有清凉感，在卤水中有调和诸料、起复合香的作用，在卤水调配里的作用与桂皮基本一致。虽然桂枝与桂皮在卤菜烹饪中的作用都是去腥赋香，但用量都不宜太多，一旦香味过于浓烈，反而会掩盖菜肴原料本身的香味。

山楂是蔷薇科山楂属植物的果实，核质硬，果肉薄，味微酸涩，可生吃或做果脯、果糕。干制后可入药，具有药果兼用的特性，可健脾开胃、消食化滞。

山楂属于清香型香料，味道偏酸，在卤水中使用山楂，可使食材快速卤透入味，并削弱肉类食材的油腻感。将山楂用于煲汤或调制卤水，除了能起到增香、和味的作用，还可提升菜品味道的鲜美度，但用量不宜过多。

当归为伞形科植物当归的干燥根，有补血活血、润肠通便的功效。当归多用于药膳中，比如当归炖鸡。

当归在卤水中的用量极少，主要起调和诸味的作用，可去腥除异，缓和各种香料的香气。由于当归气味十分浓郁，如果使用时不经过预处理，或用量没控制好，则非但起不到增加回味的作用，甚至还会导致很浓的药味。当归和白芷的作用差不多，通常而言，有白芷就不放当归。

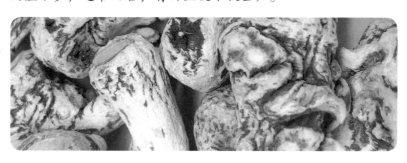

贰 怎样鉴别卤菜制作中的常用香料

　　"香之为用从上古"。据典籍记载，远在商周时期，我国古人就已开始采集、利用和栽培香料。各种气味的香料，外形各异，其味也不同，既可药用，也可用于日常烹饪。香料以各自不同的"香味"，广泛进入到人们寻常生活的方方面面，在宗教祭祀、衣妆美容、医药保健、食品调味等领域中，都充当着不可或缺的重要角色。就烹饪而言，不管西餐还是中餐，只要涉及菜肴制作，大抵都会或多或少使用到香料，目的是去腥除膻，为菜肴增色添香。特别是一些职业卤菜厨师，一直在不断追寻卤菜良方，说到底，就是找到各种香料之间的最佳配比，毫无疑问，没有搭配合理的香料配方，就做不出一款好的卤菜。可以毫不夸张地说，香料是卤水调制的灵魂，如果没有香料的参与，便丧失了卤菜特有的风味和魅力。可现实情况是，即使良方在手，也未必能做出好的卤菜，很多人百思不得其解，或许认为是配方或制作流程中的所谓核心技术被刻意隐藏，故意留了一手，事实并非完全如此。

　　在烹饪行业，很多厨师对香料的产地、性能、质地等知识的掌握程度其实并不高，对香料优劣的辨别能力也有些欠缺，再加上香料市场良莠不齐、鱼目混杂，一旦使用了品质不好或掺假的香料，必然会导致卤菜味道欠佳，即使良方在手，在无法甄选香料良莠、真假的情况下，则很难做出一味好的卤菜。由此说明，要想做好卤菜，不仅要有好的香料配方，还要具备鉴别香料真伪、优劣的能力，只有这样，才能调制出一锅沁人心脾的香味卤水，卤出一道回味无穷的卤菜。下文将着重介绍几味卤菜制作中常用香料的鉴别方法。

　　小茴香　小茴香不能完全以大小定优劣。唯宁夏出第一，大如麦粒，细棱分明，其余产地的小茴香均小。外形呈扁平椭圆形，长0.3～0.5厘米，宽0.2～0.3厘米，表面呈棕色或深棕色，背面有3条微隆起的肋线，边缘肋线呈浅棕色延展或翅状，气味芳香，味辛。常见的瑕疵是外形不饱满，质轻而又细棱，棱角不分明，品质差。还有造假的，常用未成熟的青涩稻谷加工制作而成，形状不规则，干瘪，少细棱，无味，造假者常将其与低等小茴香混在一起

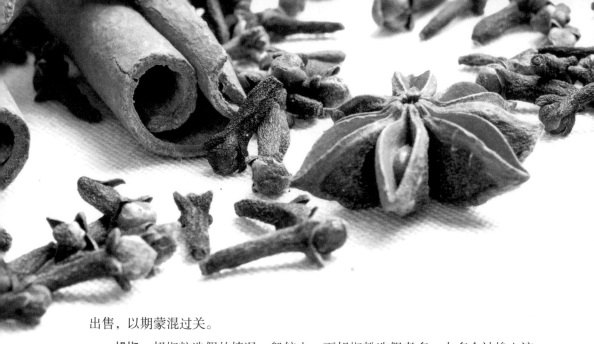

出售，以期蒙混过关。

胡椒 胡椒粒造假的情况一般较少，而胡椒粉造假者多，大多会被掺入淀粉、面粉之物。避免上当受骗的最好办法是不直接购买成品胡椒粉，而是买胡椒粒自己加工磨粉，或在现场由商家当面磨成粉。

孜然 常见的孜然混淆品主要有莳萝子、小茴香等。常用的鉴别方法为：一看孜然的颜色、大小是否一致。比较而言，小茴香的颗粒稍大，显色浅一点，而孜然颗粒要小一些，在形态上，小茴香有一些褶皱；二闻孜然的气味是否醇香，在手中搓揉后是否有粉末残留；三是将少量孜然放于清水中，孜然会浮于水上且水体清澈，如沉底或水体浑浊，那就是假孜然或劣质孜然。

八角 假八角一般是同属一科的莽草、红茴香及野八角，含毒素，色泽呈浅土黄色，果实多为9个角以上，每个角均细瘦且顶端尖锐，闻之有刺鼻的花露水或樟脑气味，品尝则有酸苦味及麻舌感。必须特别提醒的是，某些八角的表面会出现亮晶晶的东西，这种八角是用硫磺熏制而成。自然干八角颜色较暗淡，香味自然，口感纯正。使用八角前，建议用开水煮三五分钟去掉苦味。八角需要通风保存，否则容易起霜变白（非发霉），如果出现这种情况，可以洒上一些白酒，捂一天就没有了。

花椒 如何辨别真假花椒呢？一是看，假花椒多数表面无开口，即便有开口也大多为实心，而且形状多不规则；二是闻，假花椒的麻香味比较淡，无明显麻感，且带有明显的咸味或没有味道；三是捏，假花椒质地较硬，即便用力也很难捏碎，手感分量较重；四是泡，真花椒泡水后水体清澈，而经染色处理过的假花椒在泡水后会使水体变色。如果不方便泡水，可用嘴唇轻含一下，再用纸巾反复擦拭表面，染色的假花椒会使纸巾变色。

砂仁 艳山姜和益智仁均与砂仁长相类似，是常被用来假冒砂仁的"李鬼"，但实际上他们同科不同属，功效也不一样。假砂仁有一层柔毛或柔刺，可通过"望、闻、切"三步加以辨别：一是望，真砂仁呈圆形或卵圆形，外表棕褐色，通体有刺状突起，锤形或卵圆形，两端稍尖，外观为橙黄色或棕色，无刺状突起及纵棱线；二是闻，假砂仁气味刺鼻、微香或没有香味，味微苦且涩；三是切，用手轻掰或切开实体，假砂仁（艳山姜）的种子切开后为白色，每室仅有5~15粒；而真砂仁的种子为灰白色，每室近30粒，分2~3行排列紧密，且呈不规则的多面体状。

桂皮 伪品桂皮的外表呈灰褐色或灰棕色，略显粗糙，可见灰白色斑纹和不规则细纹理。内表面呈红棕色，平滑。微香，味辛辣。就桂皮来说，还是可以通过"望、闻、切"三步来鉴别：一是望，真桂皮的皮面呈灰棕色或淡棕色，稍显粗糙，表面有不规则细皱纹和突起物，皮里呈红棕色，有油亮光泽，近外层常有一条淡黄棕色环纹；二是闻，真桂皮闻起来香气醇足，用牙轻咬后，有浓烈清香味且味甜微辣，假冒桂皮则没有上述香味；三是切，用指甲在真桂皮内表面切刮，会微有油渍渗出。用手轻折时，松脆易断，声音发响，且断面平整。假桂皮在用手轻折时有韧性且声音不响，断面不整，多呈锯齿状。

红豆蔻 真品红豆蔻是大高良姜的干燥成熟果实，呈长圆形，表面红棕色或淡红棕色，光滑或有皱纹；果皮薄而脆，易破碎，内面淡黄色；气芳香，味辛辣。而假冒红豆蔻，有些是用蔷薇科植物野山楂的未成熟果实冒充的，呈圆球形，表面红棕色，有细小果柄，形似山楂，香气微弱，味酸涩。

白豆蔻 真品白豆蔻外观略呈圆球形，具不显著的钝三棱，直径约1.2~1.7厘米，外皮黄白色，光滑，具隆起的纵纹25~32条，一端有小突起，一端有果柄痕，两端的棱沟中常有黄色毛茸；果皮轻脆，易纵向裂开，内含种子2~30粒，集结成团，习称"蔻球"。伪品白豆蔻的外观呈类球形，直径约0.5~0.8厘米，个头比正品小，表面黄棕色，果皮光滑，无棱沟；种子呈团类球形，有种子3~5粒，明显少于真品，种子呈不规则的多面体；闻之气微，无白豆蔻的芳香味，口尝味辛。

草果 市场上有以同科植物草豆蔻的种子冒充草果者。虽然在卤菜香料中也有使用草豆蔻的，但这里要说明的是草果和草豆蔻不是同一码事。草豆蔻虽与草果为同科植物，又可入药，但功效侧重行气，且不具草果温燥、截疟之特长，故不可代替草果使用。

山奈 真品山奈是将干燥根茎加工成近圆形或椭圆形的切片，直径15～20毫米，厚2～6毫米，边缘外皮皱缩，有时可见根痕、鳞叶残痕和环纹，外表呈浅褐色或黄褐色；切面中部略凸起，光滑而细腻，呈类白色，富于粉性；闻之气味芳香，略似樟脑味道，口尝味辛辣，但与生姜味道不同。伪品苦山奈的大小、片状与正品非常相似，但外皮为棕褐色；切面为浅棕黄色，略具粉性；闻之不具有真品的香气，口尝味苦，从这三点即可鉴别山奈的真伪。

荜拨 正品荜拨的果穗呈圆柱状，稍弯曲，表面黑褐色，由多数细小的瘦果聚集而成，排列紧密、整齐，形成交错的小突起。伪品为假蒟，外观呈长椭圆形，身长比正品短，表面黑棕色或黄棕色，亦有多数卵形或球形小浆果突起，但排列不整齐；质较硬而脆，易折断，断面可见球状红棕色种子；闻之无真品荜拨的特殊香气，仅有微香，辣味也稍逊正品，且无麻舌的感觉。

要想做一款好的卤菜，并不是香料越多越好，关键是取决于香料的配伍和品质，具体而言，一是掌握香料之间的合理配比；二是甄选优质的香料；三是运用过程中的经验总结。对于香料的真伪辨别，要经历长期的经验实践，至于如何辨别，建议从下面几个方法入手为好。

其一，要多看与香料知识有关的书籍。对于介绍香料知识的书籍，内容虽然有些枯燥，但对于初步了解或认知香料是大有裨益的。大体上能了解到一些有关香料产地、性能等方面的知识，有助于提高一定的理论认知。

其二，要多到市场进行实地考察，通过接触不同的香料而增加感性认识。市场上的香料种类很多，琳琅满目，完全可以用货比三家的方式增长见识，最简单的方法，就是观察同一种香料有什么细微的区别，除价格外，还要从颜色、形状、气味（香味）上多做比较，随着阅历的丰富，你或许就能成为专家。

其三，要多向长期接触香料的人请教。比如要多和盛产某种香料的本地人、香料经销商、做卤菜或使用香料多的人多接触，如果条件允许的话，能到产地实地调研更好。这样做，既有利于提高对香料的认知，还能知晓一些掺假的"黑幕"，这些信息了解得越多，辨别香料的能力就会越强，一旦做好上述几点，那么距离做好一锅卤菜的路程就不远了。

第二讲

传统川式卤水的起制

川式卤菜不仅具有蜀地风味菜肴的传统特色，也是川菜菜系不可或缺的重要组成部分。

卤菜可自成体系，做成单品店，也可与其他菜品相互搭配。卤菜单品店具有店面小、投资少、回报快、风险低、收益高的显著优势，当下，在许多城区的大街小巷、农贸市场、社区门店，都能轻易见到卤菜的身影。一卤香天下，深入寻常巷里的卤菜店，极大地方便了广大民众的日常生活，也让平淡的日子有了更多滋味的陪伴。

壹 传统川式五香卤水的制作攻略

从烹饪的角度上讲，"煮"是"卤"的手段，"卤"是"煮"的升华。卤是把经过初加工的食材，用拌、浸泡、油炸、腌渍、汽蒸等方式预处理后，再放入用香料调配好的卤水锅中，并将食材加热至熟且入味出香的一种烹饪方法。经营和制作卤菜看似手段单一，技术含量不高，其实这是对卤菜烹饪的一种误读。事实上，要想制作出一款有口皆碑、满齿留香的卤菜，全套流程其实很烦琐，单品并非简单。老话说，"麻雀虽小，五脏俱全"，卤菜就是如此，该走的程序和细节一个都不能省略。经营者一定要重视以下环节：必须对当地的卤菜消费市场进行深入调研，并做好必要的风险评估；熟练掌握各种香料的性味，并能鉴别香料和食材的品质；熟悉卤菜的制作工艺和味型变化，紧跟卤菜流行趋势，注重创新；注重借鉴他人的成功经验，并加以融会贯通，为我所用；找准卤菜风味的合理定位，虚心听取顾客的反馈意见，因地制宜，及时改良卤菜的色、香、味、形、质等，如果做好了这几点，也许就能旗开得胜。

卤水浸泡，文火加热，慢工出活，是卤菜制作广泛运用的一种烹调技术。卤可广泛运用于畜肉、禽肉、水产品、蔬菜、蛋、豆制品等食材的制作。从广义上讲根据卤水颜色的不同，传统川式卤水可分为红卤水、白卤水和黄卤水三种，其中，黄卤水是川卤的本色卤，所占比重最大；按风味和技法区分，又可分为五香卤、麻辣卤、酱香卤、油卤、现捞卤等。但那也只是因为加大了油脂或辣椒比重的一种区别而已，从总体风味来看，应该说大致相近。

传统川式五香卤水的制作内容涉及诸多环节，其中任何一道流程都必须认真对待，切忌顾此失彼、随心所欲，比如熬制底汤、制作卤油（也叫"封油"）、香料的选择、香料的搭配比例及前期处理、炒制糖色及调色、调制卤水及注意事项等。下文将针对传统川式五香卤水的常规制作流程进行逐步讲解。

一　熬制底汤（大骨汤）

　　制卤是决定卤水风味的关键所在，人们通常更为关注制卤的配方组合。虽然看重卤水配方的"阵容"没有错，但仅靠某一个配方就想调出一锅好卤水的想法并不符合实际。我们还应该认真把握好卤水制作的各个环节，这样才能保证调制出的卤水合乎要求。

　　底汤的熬制，是新起一款卤水迈开的第一步，必须走得稳当，站得扎实。由于新起卤水里的肉类酯化物质、油脂与香辛类调料里的挥发性香味物质尚未达到完全融合、升华的地步，味道当然不及老卤水那么纯正、鲜香、浓厚，所以必须经过长时间的反复卤制，才能使卤制原料满足"五味调和百味香"的要求。出于这样的考量，在初次熬制底汤时，大可不必把其中的原料煮得软烂甚至碎烂，至一定程度即可捞出另作他用，如鸡肉、猪肚、猪五花肉、猪蹄等，而猪棒子骨、鸡脚、猪龙骨等，则可一直放在锅中熬制。

🌸 原料

　　猪棒子骨5000克　老母鸡1只　鲜猪皮1000克　鸡脚1000克　猪肚2只　猪龙骨1根　老姜500克　白葱1000克　料酒1瓶　胡椒粉20克　香醋适量

🔍 制法

①猪棒子骨敲破；老母鸡治净；鲜猪皮用小火烧去残毛后刮洗干净；鸡脚、猪肚分别洗净；老姜拍破；白葱挽结。

②取不锈钢桶上火，掺入清水30升，放入猪棒子骨、老母鸡、鲜猪皮、鸡脚、猪肚、猪龙骨、老姜、白葱节、胡椒粉，大火烧开后撇净浮沫，倒入料酒并滴入适量香醋，用中火熬煮两小时左右，再用小火吊煮约两小时，至汤白、味浓时，捞出料渣即得底汤。

🎩 关键技术

熬制底汤时，还可添加富含胶质的鲜猪蹄、肉香味浓的猪五花肉等食材。熬汤时加入少量香醋，有利于分解大骨里的钙质，还能增香压异，并使原料里的脂肪、水溶蛋白、骨髓和多种营养成分更快地析出而溶于汤汁中。加料酒则有提鲜、除腥、压异的作用。此外，熬汤时切忌放盐，因为放盐会使原料表皮收缩、蛋白质凝固，阻碍鲜味成分的分解。

二 炼制卤油

所谓卤油，是指浮在卤水上面的油脂，由于新起的卤水没有多少油脂，故需单独炼制。卤油在卤水中可起到封香锁热的作用，能有效降低卤水热量的散失，封住香料的香味，减少香气挥发，故又叫"封油"。香料里的香辛物质多为挥发性物质，其易溶于油脂中的特性，使得卤油在日积月累中更香。随着肉类食材所含油脂的不断渗出，卤油会越来越多，需打出来另作他用。此外，卤油还有固形保水、压腥除异、提味增香的作用。卤油的优劣与否，决定了卤菜的品质、色泽和香味。通常而言，在夏季，卤水上面应有三指厚的卤油；在冬季，则应保持四指厚的卤油。

🌸 原料

菜籽油3000毫升　老鸡油1000克　猪板油1000克　花生油1000毫升　老姜500克　白葱1000克　洋葱3个　干辣椒节200克

图 熬制卤油

🔍 制法

①把老鸡油、猪板油洗净后切成块；老姜拍破；白葱洗净并保留葱须；洋葱切块；干辣椒节用热水稍加浸泡后沥干水分。

②净锅上火，放入老鸡油和猪板油，掺入清水用大火烧开，之后改用中火，当炼至油色澄亮且无水分时，捞出油渣，再倒入炼好的菜籽油和花生油，下入老姜块、白葱、洋葱块和干辣椒节炸至色呈褐黄且水分将干时，捞出料渣即得炼好的卤油。

🌧 关键技术

制作卤油时，最好选用物理压榨的菜籽油，因其香味浓郁，用以熬炼卤油，其效果远胜于普通的色拉油；老鸡油、猪板油的主要作用是增加肉香，用量不宜过大；花生油主要起增香添色的作用，用量也不宜过大。

在熬制老鸡油、猪板油时注入清水，一是为了防止变焦，保证油色清亮；二是更容易控制火候，只要求把水分熬干即可。此外，在卤油中炸制老姜、白葱、洋葱和干辣椒时，也只需将蔬菜炸黄、水分炸干，仅取其香即可。

在为传统川式五香卤水选择制作香料时，以品种得当为宜，过多过少都会失之偏颇，一般是配21种，最多配23种，若是把姜、葱、白胡椒、花椒和干辣椒也算作香辛料的话，最多不超过28种。这23味香料是：八角、桂皮、肉豆蔻、白豆蔻、砂仁、白芷、山奈、小茴香、高良姜、香叶、草豆蔻、红豆蔻、灵香草、排草、甘松、荜拨、罗汉果、丁香、木香、当归、甘草、草果。其中，起抗氧化、防腐抑菌、预防卤水腐败变质作用的有10种；起增香提味、除腥压异作用的有20种；起开胃健脾、助食消食作用的有16种。某些江湖卤菜号称使用了上百种香料的说法，都是言过其实的浮夸之词，不过是为了博取顾客的眼球而已，事实并非如此。

四 合理搭配香料比例及进行前期处理

1. 合理搭配香料

掌握了不同香料的性味作用，并选择好合适的香料品种，接下来就是进行用量多少的合理搭配。川式卤水的香料配方，在一定程度上借鉴了中医处方的传统理念，除了讲究阴阳相济，"君、臣、佐、使"等级分明，各司其

🔖 香料的搭配与组合

职，还同时兼顾了"君料"和"臣料"之间的互补与平衡。具体而言，君为主，臣为辅，主料突出香料主香；臣料作为辅料去补充主香的不足，促使各种香味彼此融合而成为复合香，从而凸显卤制菜品的香醇之味。大体来看，在川式卤水的香料配方中，君料约占总量的30%，臣料、佐料、使料约占总量的55%，三者的比值为4:3:1或5:3:1，最后15%的余地，是作为灵活补充君料、臣料用量不足的预留空间。

打一个形象的比方，如果把香料配方比喻成人体，八角和桂皮相当于头部，白芷相当于躯干，肉豆蔻相当于左脚，小茴香和山柰相当于右脚，白豆蔻和砂仁相当于左手，香叶、高良姜相当于右手，而剩余的草豆蔻、红豆蔻、灵香草、排草、甘松、荜拨、罗汉果、丁香、木香、当归、甘草、草果等，则相当于人的衣服、裤子、装饰品等，这样就组成了一个完整的人。

下面，我们将在这里给大家介绍一款传统川式五香卤水的香料配方：

八角120～150克　桂皮120克　肉豆蔻70克　白豆蔻120克　砂仁100克
白芷120克　山柰100克　小茴香80克　高良姜80克　香叶75克　草豆蔻60克　红豆蔻50克　灵香草75克　排草60克　甘松50克　荜拨30克
大罗汉果2个　丁香20克　木香30克　当归75克　甘草25克　草果8粒

特别说明：此香料配方是按照45升底汤的用量进行设计的。

2. 注重香料与食材的匹配对应关系

当香料的基础比例搭配好以后，还有一个要点必须关注，那就是如何处理好香料用量与卤制食材之间的对应关系，使其达到相辅相成、彼此成就的要求。其方法是：先找出与食材相对匹配的香料，并划出记号，再将所有香料归总，即为配方的组成架构，然后将出现频率最高的香料作为主香料，君料按比例加大用量，其余香料作为臣料和使佐料予以补充运用，最后添加甘草去中和诸香、调和香料药性，或者增加一些辅助主香功能的香料。

在搞清楚香料与食材的匹配关系之后，就可根据不同食材搭配香料了，例如，卤制猪肉要用桂皮、肉豆蔻、八角、高良姜、山奈、草果、砂仁、白豆

香料的选择决定了卤水的风味

蔻、花椒等。花椒旨在激发肉味，主香料以白豆蔻、肉豆蔻、桂皮、八角、山奈为主；辅助香料要用草豆蔻、高良姜、小茴香、香叶去压制猪肉的膻酸异味，并在花椒和草果的作用下，提升肉味的香浓，强化解腻效果。卤制牛肉要用小茴香、香叶、甘松、香茅草、八角、桂皮、草果、胡椒粉、香菜籽、老姜、干辣椒等。其中的草果、小茴香、香叶、甘松、八角、草果为主香料，香茅草、桂皮为辅助料，用以去除牛肉的膻味，突出其香味。而卤制鸡鸭时，则要以白芷、山奈、桂皮、高良姜、丁香、肉豆蔻、当归等压制异味，提鲜增香。

总的来说，一种卤水香料的配方比例，既要考虑各种香料之间的主次搭配，又要兼顾香料的性味与所卤食材的对应关系，同时还要关注季节变化，并微调卤水中的香料品种和比例。其实，在卤水里添加香料的最终目的，就是为食材增鲜、增香、提味，但又不能压制和掩盖食材本身的鲜香味，也就是说，香料不要加得太重，否则卤制菜品会比较"闷人"。

下面，我们将对前文给出的传统川式五香卤水香料配方予以具体分析。首先，八角的用量可灵活掌握，既要针对不同食材，又能适应不同的季节；其次，该配方重用了四种蔻类香料，其共同功能都是开胃健脾，但这几味蔻类香料的用量比例并非整齐划一，而是按照肉豆蔻、白豆蔻、草豆蔻、红豆蔻的顺序依次递减，这样就形成了一个有纵深状态的梯级配置，让卤味制品具备了更为丰富的层次感；第三，不同香料的运用，兼顾了不同食材的特殊需要，如甘松兼顾了牛肉的需要，草豆蔻兼顾了鸡和鸭的需要，而白豆蔻则兼顾了猪肉的需要。此外，回味好的有小茴香，穿透力强的有丁香等。

3. 对香料进行前期处理

将各种香料品种按比例配制好后，还需对其中的部分香料进行预处理。这样做，既便于使用，同时还能有效提升香料出香赋味的效果，比如桂皮、高良姜等大块香料要掰碎成小块，排草、灵香草、白芷、木香等根茎类香料要改成段或节，而香果、草果等则要敲破果壳或作去籽处理。

只需将传统川式五香卤水配方里的香料按照上述方式处理即可，切勿打成粉末，否则香料粉在吸收水分后易板结，造成出香不均衡的结果，还会影响到香味释放并污染卤水。不过，油卤或现捞风味的卤水可以把香料打碎使用，有利于快速出香。

在香料下入卤水锅前，还要进行一次预处理，那就是把所用香料混合均匀后用温水浸泡、白酒浸润，或者是干炒、过油、淋热油，相当于对香料进行"炮制"。

①采用温水浸泡的方法炮制香料，要求水温在30～70℃，并将香料完全淹没，这种方式能有效去除香料中的杂质，褪除香料的部分颜色，减轻香料的苦味、生涩味和辛烈的药气，这样处理过的香料被称为"生料"。用生料调制卤水，其香味纯正，出香缓慢，香味更持久。

②采用白酒浸润的方法炮制香料，只需将香料用白酒浸润即可，但要将香料密封保存发酵一段时间，待其激发出香味后才能使用，这样处理过的香料被称为"发酵料"。用发酵料调制卤水，有利于香味更快地挥发、释放。

③采用干炒、过油、淋热油的方法炮制香料，要求用小火焖炒，或用三四成热的油温过油、冲淋香料，这样处理过的香料被称为"熟料"。由于香料所含的挥发性物质具有易溶于油脂中的特性，所以，用熟料调制卤水，香味更浓郁，适合运用于新调制的卤水中。

用温水浸泡香料制成"生料"

⑱ 将"生料"过油制成"熟料"

　　总体来说，采用炮制香料制作卤水，出香稳定而快捷，香味柔和而浓厚，不烈不燥，但缺点是香味有所流失，料包须不时替换。处理香料具体运用什么方式，可依据实际需求和菜品风味而定。有些人在制作新卤水的时候，对香料的处理，往往选择双管齐下的模式，即先用温水浸泡香料，待其泡涨后，再用新炼制的热卤油冲淋装在漏勺里的香料，既简便、省事，又丰富了卤油的底香。香料经这样处理后，其辛烈的苦涩味会受到一定程度的弱化，香味更柔和、不闷人、不冲脑，能有效避免卤水药味重、颜色深、菜品易发黑的问题。

　　将香料处理好后，可将其装入先打湿后拧干的纱布袋内，轻轻束紧袋口。必须强调的是，由于香料久煮后会膨胀，因此不要让纱布袋内的香料挤得太紧，应预留一部分宽松的空间，否则会影响出香效果。

图 制作好的香料包

五 炒制糖色及调色

　　卤水可分为红卤水、白卤水、本色黄卤水几种。川式红卤水是在卤水中加入用冰糖或白糖炒至焦化的糖色而得名，成菜色泽红亮，忌加酱油、豆瓣酱等有色调味品；白卤水是用浅色香料调制而成，着重体现食材本色，忌加有色调味品；本色黄卤水则加有深色香料，有的还加有黄栀子、饴糖、冰糖，以体现食材的自然本色为主，也忌加有色调味品。不过，在川式特色麻辣卤和酱香卤中，比较注重菜品的着色处理，成菜以色泽红亮、鲜艳引人注目，除了加糖色外，还可加豆瓣酱及各种酱料。

原料

冰糖1000克　色拉油100毫升　栀子100克　热鲜汤适量

🔍 制法 |

①冰糖敲碎，栀子用热鲜汤泡涨。

②锅中入色拉油，掺少许清水（即油水混合炒制法），下入冰糖碎，用小火不断翻炒至溶化成糖稀，再继续炒至颜色由浅黄变红并翻起大泡时，将锅端离火口，用余热炒至糖液呈棕红色并起鱼眼泡时，倒入浸泡过栀子的鲜汤，开大火熬煮5分钟即成。

🔲 用冰糖炒制糖色

🔲 在炒好的糖色中掺入栀子水

🔨 关键技术 |

炒糖色时，只用油炒不易把握尺度，如果火候不到位，着色效果欠佳；一旦过度，又易造成颜色泛黑、味道发苦。仅用水炒速度较慢，用水与油合炒最稳妥，色泽、亮度都比较均衡。炒制糖色宜用小火，熬制时则应用大火，这样更利于去除糖液的焦苦味，最终呈现出金红色或枣红色的视觉效果。

糖色分为老糖色和嫩糖色，老糖色卤出来的菜品易发黑；嫩糖色着色浅、甜度高，但易导致卤水发酸，两者各有优劣。

糖色的使用计量，一般是每500毫升底汤添加20毫升。新起的卤水着色浅，建议使用老糖色，而老卤水则建议使用嫩糖色。

有的厨师在制作卤水的时候通常不用或少用糖色，而是使用饴糖、冰糖和香料本色配合调色。这是因为冬季和夏季易致菜品发黑，除非销售快、供不应求的情况下才用糖色。

此外，蜂蜜水也可起到调色作用。其做法是将适量蜂蜜放入水中调散，再放入食材氽一水，或者把适量蜂蜜兑水稀释，然后将其均匀地刷在氽过水的食材上，入热油中过油后再进行卤制，这样做的赋色效果也很好。

六 调制卤水

当上述所有准备工作都做好后，就可以着手调制卤水了。其原则是先调味、后调色，最后放食盐。前面处理好的香料是按照45升卤水的用量搭配的，这里只取1/3香料，并按照下列配方调制。

🦞 原料

底汤15升　鸡精480克　味精250克　食盐600克　冰糖8粒　饴糖2瓶　糖色1200毫升　胡椒粉30克　老姜500克　汉源花椒100克　新一代干辣椒节250克　卤油5升　老卤水15升

🔍 制法

底汤入锅，上火烧沸，调入鸡精、味精、胡椒粉，放入处理过的香料包、老姜、汉源花椒、新一代干辣椒节、卤油，开小火熬出香味，调入糖色、饴糖和冰糖定好颜色，入食盐定味，倒入老卤水并补正颜色，即得传统川味五香卤水。

🖼 配制好的卤水

🐷 关键技术

卤水盐分要求控制在3.6%左右，最多不超过4.6%（属浓厚型）；糖色按每500毫升底汤添加20毫升计量，食材则按每500克添加10毫升糖色进行定味着色。此外，香料在卤水中所占分量比值为3%～5%，香料占食材分量的比值为5%左右。

七 菜肴卤制

卤菜制作是把食材原料放入卤水中加工至熟并入味的过程。卤是让食材中的有机物质、脂肪、水分、纤维结缔组织进行加热处理后，使其产生理化反应，并将食材中的水分排挤出去，同时让卤水里的各类香辛物质渗透到食材内部，从而完成食材由生到熟及入味出香的转换。

除掌握卤水配方外，卤菜制作中还涉及食材的选择及前期预处理、卤制食材及火候控制、卤菜的保存、卤水的养护与贮存、卤菜的后期加工处理（包括剩余菜品的处理）、卤菜发黑、卤水发酵变酸与变馊的成因及补救办法等诸多方面的问题，下文将对此予以逐一讲解。

1. 食材的选择及前期预处理

卤制食材没有严格限制，荤素均可。素菜以豆制品（包括豆腐干、豆筋、豆腐皮等）、笋干、海白菜、海带、藕等为主，其前期处理方式比较简单。干制豆筋、豆腐皮直接用温水泡涨，而笋干、海白菜、海带、藕等，只需入沸水锅中余一水后晾凉即可，只不过在后期卤制时，须把卤水舀出来单独卤制，以免破坏卤水。

肉类原料以畜禽为主，如牛肉、

竹笋

腐竹和木耳

鸭子

猪肚

猪耳

猪舌

羊肉、猪肉、鸡肉、鸭肉、猪尾、猪蹄、鸡爪、鸭脚、猪耳等，其前期处理方式相对复杂，如浸泡、氽水、油炸、腌渍、烟熏等。浸泡一般针对冻货，须漂去血污；氽水一般针对鲜货，目的是氽去血水，锁住鲜味；油炸一般针对鸡爪、猪蹄等需要上色的原料；腌渍一般针对大块原料，须提前码入底味；烟熏一般针对鸭、鹅等，意在赋予烟熏的味道。

肉类原料的前期处理方式，通常是先用清水漂去血污，再入清水锅中氽至定型、过凉并入冰箱急冻，无须事先腌渍、码味。其具体操作步骤是：先把原料放入清水盆中漂去血污，如果是冻品或腥膻味较重的食材，应勤换水，反复漂洗、漂净血水，而新鲜食材则不可久漂，洗净即可；在此之后，入清水锅中用大火烧开，撇净浮沫，氽5~8分钟至紧皮、定型且无明显血水渗出时，即可放入冷水中过凉，沥干水分后，用火燎去表皮残毛且色至焦黄，刮洗干净后装入袋中，入冰柜，在−8~−1℃的低温下急冻冷藏。这样做的目的是让肉类原料内部的水分凝结成冰晶状态，体积膨胀变大，使肉类原料里的纤维结缔组织扩张、松弛并形成一定的间隙。在随后的卤制过程中，肉类原料中的部分营养成分和味道，会随着温度的持续升高而解析于卤水中，而卤水里的各种香辛物质、胶原蛋白、氨基酸等，又会渗透到食材中，从而实现增香着味，赋予食材底味和回香的效果。这样做出来的卤菜，口感好、有嚼劲、后味足、回口香浓，越吃越有味。

2. 卤制食材及火候控制

当把卤水调好，食材的前期预处理也准备妥当后，接下来，就可以进行卤制的下一步流程了。其具体方法是：先把调好的卤水烧开，放入处理好的食材，用大火烧开后撇去浮沫，卤煮约15分钟，捞出香料包并改为小火焖卤约40分钟至熟透、入味，熄火后浸泡20分钟，最后捞出沥干卤水即成。其技术要点可大致归纳为以下几个方面：

①卤制菜品时，食材入锅要分时段投放，大块、不易熟的先下，小块、易熟、质地脆嫩的后下，最后一起出锅。这样更能保证食材形态完整，入味均衡，不至于出现部分食材入味不彻底，而部分食材又因不耐煮而导致软烂不成形的现象。必须强调的是，卤水必须淹没所有的食材，否则不利于入味；此外，卤锅中的香料包要压在食材下面，这样更利于香味释放。

②食材在卤水中烧开后的15分钟，是锅中食材的着色阶段，须用大火；随后用小火或微火焖煮40分钟，是食材的成熟、入味阶段；而熄火浸泡，则是为了赋予食材回味余香的属性，这一流程，充分体现了"细着火，慢入味，火候足时味自美"的烹饪理念。至于浸焖和浸泡的时间长短，可根据食材质地和成菜要求灵活掌握，请记住一个口诀："大火烧开小火卤，七分卤煮三分浸。"此外，卤水里的香料包何时捞出，取决于卤水香

⊗ 锅中食材的着色须用大火

味的浓淡，若香味浓厚，可少熬一会儿，及早捞出；若香味淡薄，可多熬一会儿，延缓捞出。

③具体操作中，由于鸡、鸭、猪肘等食材具有形大、不易入味及耐煮的特性，所以要用抓钩在上面扎些小孔，以便卤水渗入其中。另外，在卤制过程中应勤加翻动，可使食材受热均衡、入味均匀。用大火卤制食材，由于成菜时间短、入味不深、水分较重，适合质地脆嫩、易熟的原料，如鹅肠、鸭胗、小龙虾、鸡脚、猪尾、猪小肚等；用小火或微火焖卤，由于加热时间长，入味效果

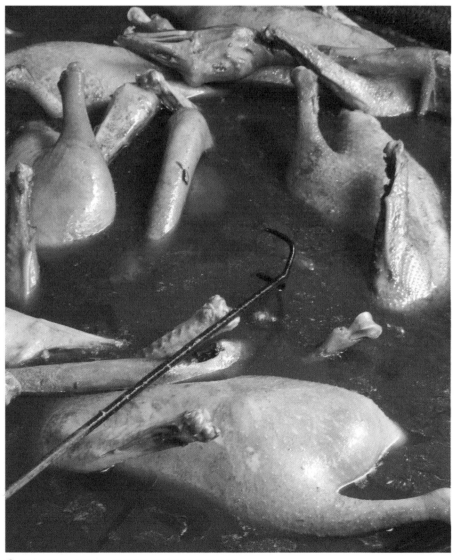

❸将食材放入卤水中，并用抓勾在食材上扎些小孔。

好，口感糯、香味浓郁，适合于形态较大，质地绵老的鸡、鸭、猪肘、牛肉等。

3. 卤菜的保存

卤菜起锅后须趁热刷上卤油、调和油或香油，以延缓氧化、保湿固色、增香附味。待卤菜晾凉后，须覆盖保鲜膜放入展示柜或卤菜专用柜中冷藏保鲜，温度控制在12~20℃，其目的是防止卤菜表面糖色因温度过高或长时间接触空气而氧化变黑。

🅰 在出锅后的卤菜上趁热刷上卤油

🖼 卤制过程结束后捞出香料包

　　卤菜出锅及捞出香料包后，要先用密漏子轻轻滤除卤水里的残渣，包括辣椒节、辣椒籽、花椒壳、胡椒粒等，再开大火冲出卤油下层的浮沫、血污等杂质，并将其打去不用，待油面形成油膜且无泡沫翻出时熄火，静置于阴凉通风处即可。下面着重强调几个必须关注的技术要点。

　　①卤制过程结束后，一定要捞出香料包，否则易致卤水发酸变质、颜色变黑。还有卤水过滤，由于纱布会滤出卤水里的鲜香物质，从而影响到卤菜的味道，所以推荐使用密漏过滤卤水，不建议用纱布过滤。若过滤出的辣椒节和花椒还残留许多味道，经妥善保存后，可在下次卤制时继续使用。

　　②由于食材里的水分会在卤制过程中进入卤水里，所以，在正常情况下，

卤水的分量会越卤越多，为了保持每锅卤水的固定容量，多了要打出，不足要及时补充。卤水过多或过少，会导致盐味过淡不香或过咸压味的现象，都会影响到卤菜品质，甚至颜色。

③卤菜出锅后，锅中卤水须大火烧开杀菌，勤滤残渣，坚持不懈地做好这些细节，大意不得。烧开后的卤水要存放于阴凉通风处散热，避免高温辐射和阳光直晒。静置的卤水切忌舀起或搅动，否则须重新烧开杀菌后再予静置，以免发酸变馊。保存卤水不可盖锅盖，以免散发的水蒸气滴入卤水中，导致腐坏发酸，但可盖上防蚊虫的纱布罩。若条件允许，最好将晾凉后的卤水放入冻库或冰箱冷藏保存。如果冷藏保存的卤水长期不用，应每隔一周重新烧开后再次冷藏。

④长期使用的卤水，会出现发浊变浑现象，并在锅边形成黑色油垢，这是因为在卤水里积累了大量血浆蛋白的缘故，为了确保卤菜质量，必须予以处理。对此，可借鉴中餐烹饪清汤的方式，即把鸡蛋清调散或猪瘦肉蓉调稀，对卤水做一遍扫汤处理，油垢则用铁铲除去。具体方法是：先用炒勺将烧开的卤水搅动成漩涡状，再倒入鸡蛋清或糊状猪肉蓉，受热后，猪肉蓉会凝固成血污浮沫，而各种杂质则被吸附在鸡蛋清或猪肉末上，然后用小火熬半小时，待猪肉末里的鲜味物质溶解于卤水中后，便可将其清除，从而达到净化卤水的目的。

卤水的生态复杂而脆弱，稍不注意就会前功尽弃，其养护重在细节，需要每天坚持不懈地做同一件事。行业上有"十年卤水百年酒"的说法，事实上，能存放使用十年的卤水很少，几十年的卤水就近乎神话了。

九 卤菜的后续烹饪

1. 卤菜的后续加工

卤菜出锅后经过保鲜处理，即可上市销售。通常情况下，直接将卤菜切片、斩块便可食用，无须添加任何调料，行业内称之为"吃原味"。部分地区有将卤菜改刀后拌食的习惯，即在切好的卤菜里加入红油辣椒、蒜泥、香油、醋等调料拌成复合味；也有人会佐以辣椒干碟、椒盐、醋等蘸食。

近年来，有人将卤菜做成热菜，常见做法是把卤菜用炸、煸、炝、炸收、浇汁、回锅炒制等方式进行再次加工，颇受食客欢迎，也有制作成干锅的，如干锅掌翅。一些卤菜店将部分卤菜改刀后，用红油、香油、藤椒油浸泡等方式进行溢价处理，供不同的消费群体选择。

2. 剩余菜品的处理

从理论上讲，经营卤菜最好是定量勤卤，限量销售，尽量减少菜品剩余。但凡事都有例外，如果当天没有销售完的卤菜，第二天必须对其进行再次加工，在确保食品安全的前提下，可重新上市销售。其处理方法是：

一是将剩余的卤菜在白卤水中回锅加热、杀菌。香料以白豆蔻、白芷等浅色香料为主，并辅以油脂，增加菜品的光泽度。这种处理方式会导致香味减弱，色泽与现卤菜品差异太大，效果不佳。

二是用原汤卤水对剩余菜品进行回锅加热处理。其步骤是先把卤菜倒入70℃左右的热水里做浸泡褪色处理，时长3～5分钟，待表面颜色淡化后，再放入烧开的卤水锅中关火浸泡5分钟即可。回锅的卤菜必须要煮透，食材中心温度必须达到70℃以上，才能杀灭细菌，防止腐坏。此环节最好是在新鲜卤菜起锅后，卤水盐分含量处于最低值时进行。

🈲剩余卤菜的后期加工

十 卤水调味的基本原则

卤水调味必须首先确定整体风味，也就是味型。味型可根据各地卤水的传统口味定调，然后在此基础上调制出符合顾客口味的特色味道。下面我们以川式卤水作为示例来解析卤水调味的具体操作步骤。

1. 确定咸味

咸味决定了整锅卤水的基调，这是因为其他味道的走向都是以咸味为基础，都是围绕着咸味而酌情调入其他调味料。恰当的咸味可以突出原料的鲜味，同时具有解腻、突出原料本味和香味等作用。在给卤水调味时，应当根据原料、卤水等具体情况，按照"咸而不涩"的原则，既要把卤水的咸味调至恰如其分，又能与其他味道相互协调、相互融合。所谓"不涩"，是要求卤水必须有咸味，但不能让人感觉咸淡失调。

2. 调入鲜味调料

鲜味调料具有和味、增强与补充菜肴风味，使菜肴具有持续性浓厚复合感的作用，主要有味精、鸡精等。通常来说，鲜味不是独立存在的味，只有在咸味的基础上才能呈现出来。在实际调味过程中，需要遵照"鲜而不突"的原则，同时还要考虑卤水和卤制原料在咸味物质影响下所呈现出来的鲜味，并据此酌情添加鲜味调料。所谓"鲜而不突"，是说用鲜味调料增鲜，本意是强化菜肴的原有风味，而不是突出鲜味调料的鲜味，如果在食用卤菜时，能明显感觉到鲜味调料的存在，则说明使用过量了。

3. 调入甜味调料

在烹调中，甜味和咸味几乎可以出现在任何复合味中。甜味调料主要有蔗糖或与蔗糖甜度相似的原料，如冰糖、麦芽糖、葡萄糖、果糖、蜂蜜等。甜味调料虽然可独立调味，但在绝大多数菜品烹饪中，通常都是与其他调味料配合使用而调制出不同的复合味。甜味调料在卤水中的主要作用是调和诸味、矫正口味和增加咸味的鲜醇口感。一般情况下，甜味调料在卤水里的使用量以表现出"似甜非甜"的感觉为宜。若是想调制出目前市场上比较流行的咸甜香辣口

卤水调味要严格控制好调味料的用量

味，则以"甜而不浓"为宜。

4. 调入辣味

调制辣味的主要原料是辣椒。辣椒在卤水调味中具有增香、压异、解腻、刺激食欲等作用。辣椒的品种多种多样，实际运用中应根据辣椒的品质和菜肴的具体要求而定，以"辣而不燥"为原则。辣味既可单独使用，也可与花椒等其他调味料混合使用。辣味不仅可以刺激食欲，还会让卤水的味道更浓厚。在川式五香卤水中，辣味是其中的主流，如果加入适量花椒协调辣味，配合辣椒增香提味，可使卤水的复合味更加爽口。

5. 调入呈香调味料

呈香调味料主要是指参与卤水调味的各种香辛料。香味是卤菜的灵魂，是构成卤菜特色风味的重要物质。人们说卤菜很香，应该是对卤菜味道的高度认可。卤菜调香就是把各种呈香调味料进行合理组合，从而构成卤菜的风味特色。呈香调味料的主要功能是为了去除和掩盖原料的异味，同时起到助香、增香、赋香的作用，并以此提升卤味制品的整体风味。在实际调香过程中，应以"香而不腻"为原则，即香味合适，不能过于浓烈而让人食之口感发腻。

十一 协调诸味，融合出香

在给卤水调味的过程中，不仅要把握好各种调味料的用量和调入的时间，还应考虑到各种调料之间的协调关系。如添加食盐的多少必须考虑到味精、鸡精等增鲜调味料的用量，因为鲜味对咸味有适当的减弱作用，而适量的咸味又可以增强鲜味。此外，鲜味的调和还应考虑鲜味料之间的协同增鲜效应，因为两种以上的鲜味料按照相应的比例加入，可以明显地增强鲜味。此外还要考虑卤制原料自身具有的鲜味成分，比如鸡肉就具有突出的鲜味，而且口感自然，若是加入过多的鲜味料，反而会降低鸡肉的自然鲜味。

甜味同样可以减弱咸味，若用量过多，可让咸味基本消失。在咸味存在的情况下，如果适量添加糖分可改善鲜味的品质，使鲜味更加突出。

🌶 卤水调味不能厚此薄彼，必须把握好恰如其分的基本原则

　　辣味的刺激性非常大，加入白酒可以减少辣椒的燥辣感，糖的使用也可让辣味趋于柔和，三者有效配合，可以融合出更为醇厚的辣味。

　　香料在加热过程中散发出的香味会使其他味道不够明显，所以香辛料的调入，应考虑对其他味道的影响，其投放时间最好在卤水诸味调好以后。加入香料时，还应考虑香料中含有的苦味对卤水整体味道的影响。通常情况下，卤水调味会在香料加入后，再次对卤水的味道进行修正，如有必要，应加以适当调整。

　　卤水调味的核心是"五味调和"，就如同人体的五脏六腑，彼此相生相依。因此，卤水调味必须科学、合理地应用各种调味料和调味方法，找到原料与各种调味料之间的平衡点，最终达到五味调和的完美境界。

十二　技术要点

　　制汤的原料不一定很多，关键在于要用小火吊出鲜味。俗话说，"姜葱久煮必败味"，所以制汤所用的老姜和大葱煮1小时后就应捞出。

我们在前文中讲过，川式五香卤水的香料配方有主辅料之分。具体而言，五香味以八角、小茴香、草果、桂皮、山柰等为主，所以它们被视为川式五香卤水香料中的"主料"，不仅用量大，而且不可或缺。砂仁、白豆蔻、丁香、罗汉果之类的香料，主要起辅助增香的作用，用量不宜过多，所以居于"辅料"的位置。灵香草、排草主要起防止卤水变馊的作用，对香味的提升没有太大的作用。将这些香料在初加工时通过水泡、过油，能有效去掉香料中的苦涩味及不良色泽，相当于对香料进行了一次中医用药前的"炮制"加工。

对于初次起好的卤水，不要抱太大的希望，更不要以为一次就能调制出理想的卤水。因为制作川式卤水的关键在于调养，也就是说，在后期的卤制过程中，通过卤制原料的增鲜和各种香味的进一步融合，以及对风味的不断调整，方能让卤水达到色泽自然、五香醇浓的效果。

卤制原料的前期加工，也是卤菜制作非常重要的环节，必须认真对待。川式卤水多用于卤制猪肉、鸡肉、鸭肉、牛肉等荤类原料，这些原料在卤制前，一般都要经过氽水，有的还要先进行腌渍，有的甚至在卤制后还要走一道"炝味"的流程。因此，我们在卤菜时一定要视具体情况而定，只有掌握了所卤原料的特性，做到了对香料搭配恰如其分地把控，这样才能卤出风味、口感俱佳的菜肴。

🥘 卤制原料的前期处理也是重要的环节之一

十三 卤菜发黑、卤水变酸与变馊的成因及补救办法

导致卤菜颜色发黑，以及卤水因发酵而使其变酸、变馊的因素有很多，要先分析原因，再找出应对的补救办法。

1. 卤菜颜色发黑的原因及补救措施

造成卤菜颜色发黑，除了糖色、酱油、蚝油等有色调味品的因素之外，使用颜色较深的香料也是其中的一个重要原因，如桂皮、丁香、罗汉果、木香、荜拨、甘草等。所以，香料下锅前用热水浸泡进行褪色处理的流程很有必要。将香料装袋使用，也会大大减少香料附着在食材上的可能性，同时还要勤滤卤水中的残渣，使卤水更加清亮。此外，铁锅会和卤水中的食盐发生氧化反应而造成卤菜颜色发黑。在实际操作中，一旦卤水颜色偏深，卤制食材数量少，就必须对卤水进行颜色淡化处理，即把香料减半分装使用或添加鲜汤进行稀释。

🥘 对发黑的卤菜必须及时处理

卤菜出锅后，因为高温辐射、风吹日晒，也会使表面脱水、氧化而发黑。针对这种情况，在卤菜表面刷一些卤油或覆上保鲜膜阻绝空气，可延缓氧化过程；也可将刚起锅的卤菜投入预先舀起的卤水中过凉，使其快速降温，减少水分流失，待晾冷后抹上卤油，保水、保色效果更好。

2. 因发酵导致卤水变酸、变馊的原因及补救措施

除了因管理不当引起卤水发酵变酸、变馊外，导致这一现象的其他原因也有很多：

其一，卤水里原则上不应加入白葱，因白葱易致卤水发酸，如果确实需要使用，可经油炸后再用。

其二，素菜要与荤菜分开单独卤制，特别是豆制品、蛋、土豆和藕等食材容易败坏卤水。

其三，糖分在卤水的高温环境中易氧化变酸。

其四，腐坏食材混入卤水中引起变质，主要是指肉类食材在冷冻过程中因分装不均匀、散热不畅、制冷不及时而"焐"住了，外表看似正常，但触感发黏。

其五，夏天卤水表面卤油过厚，长时间散热不畅。其他因素还包括菜品出锅后卤水提炼杀菌不彻底；油层下面的杂质、血沫过多；卤水大火冲开熬制的时间过短；香料包未及时捞出等。

其六，卤水锅因加盖密封，水汽凝结滴入卤水中；卤菜出锅后残渣滤除不彻底，在高温下导致发酵；卤水静置保存时被人为搅动过；有生水、蚊虫落入卤水中，从而造成大量真菌侵入、繁殖，导致卤油表面泛黄起绿，并产生酸味、气泡等。

在卤水出现翻泡、变色、发浊，酸味轻微的情况下，可采取如下补救措施：首先，舀起表层卤油，倒掉翻泡、变色的部分，再分出一半卤水留用，并洗净卤水锅。其次，将舀起的卤油和卤水倒入锅内，经大火烧开后撇去浮沫，加入部分鲜汤补足倒掉的部分，并保持卤水原先的容量，然后放入老姜、白葱、白酒、料酒，用大火冲开后继续熬制约40分钟，待酸味、馊味挥发散尽后，捞出料渣不用，这时卤水中会产生大量絮状漂浮物和沉淀物。第三，用炒勺将烧开的卤水搅动成漩涡状，从锅心倒入搅匀的鸡蛋清或猪瘦肉蓉搅匀，对卤水进行清扫，等到肉浆受热凝固且漂浮沉淀物被吸附于肉末上后，再继

🉐 大火烧开，捞出料渣及香料包

续熬半小时捞出料渣，重新换上香料包，补足卤油、增香油、食盐、冰糖等进行定味，然后试卤部分菜品，补足余味即成。

为了避免卤水发酵导致变酸变馊，其他注意事项还包括：在制作卤菜时，香料包一般以10天为一个周期计算使用时间。前10天，在大火中卤制10~20分钟后即可捞出香料包，这时候的卤菜头香重；第二个10天，香料包在卤水中煮30~40分钟即可捞起，这时候的卤菜中香浓；最后10天，香料包可随菜品一起出锅，并全时段卤煮出香，这时候的卤菜香味纯正、悠长，香料味减弱，肉香味突出。

由于香料包在不同时段的熬煮时间存在长短差异，从而使卤菜呈现出不同的风味，让香味有了更多的层次，头香、中香、尾香各不相同，反复循环，给人以新鲜感而不会造成味觉疲劳。如果卤菜的味道始终没有变化，久而久之会导致食客味觉弱化，并逐渐失去体验感，所以，同样的食材要不断变换味型，才能抓住顾客的胃。

川式卤水有哪些制作难点

难点一

卤菜卤好后稍微放置一会儿就发黑是怎么回事，应如何解决？

答：卤菜卤好后经过短时放置就出现发黑的现象，这是因为卤制品暴露在空气中后，由于水分蒸发变干而发生的变化。为了尽量避免这一现象的出现，我们在卤制菜品时，就应该注意控制好颜色，一般情况下，卤菜出锅时的颜色要稍微浅一些，稍微晾一下再刷上香油或葱油，这时的颜色就比较理想了。

难点二

卤水制作过程中，香料加入的先后会对卤水风味带来什么样的影响？

答：卤水的制作流程环环相扣，除了香料的用量，其加入的先后顺序也大有讲究，加料时机的不同，会对卤水风味带来非常大的影响，所以必须严格把握。大致来讲，一些不太容易出味的香料要先下，如八角、草果等；而那些挥发性较强的香料则要后放，如料酒等。

难点三

卤水味道不香是怎么一回事？

答：卤水味道之所以不香，很可能是源于制作卤水的操作方法不当或保管欠佳。事实上，很多因素都可导致卤水不香的结果，所以要仔细分析、"对症下药"才能解决问题，比如要经常品尝味道，并据此及时补充缺少的调味料，勤加汤汁，适时更换香料包等。

第二讲　传统川式卤水的起制

难点四

卤水看上去色泽不好是怎么回事？

答：卤水颜色欠佳，极有可能是炒制糖色时没有把握好火候，要么炒得过老，要么炒得过嫩。还有一个原因是在卤水中加了酱油调色，酱油经过长时间加热，肯定会发黑、发暗，所以有些朋友制作出来的卤菜总是发暗无光、颜色发黑，而非正常的金黄色。还有一种可能是用了质量不好的香料，由于劣质香料所含黑色素过多，一旦使用比例过大，就会导致卤水颜色发黑。此外，如果对卤水的保存和保养不到位，也会造成卤水色泽走样。

难点五

由于卤水保管不慎，从而导致轻微变酸该怎么解决？

答：为防止卤水变酸，毫无疑问，防患于未然是最重要的手段，所以应尽量做到不让卤水变质。针对轻微变酸的卤水，其解决办法是在卤水中加入新鲜的香菜、芹菜、青椒、胡萝卜、洋葱等原料，再放入适量的猪五花肉一起熬煮，熬开后及时打去浮沫，然后改用小火熬1小时便可达到去酸的目的了。

难点六

单靠卤水配方就能配出好卤水吗？有好的卤水就能卤出好的卤菜吗？

答：不能。要想做出一锅好的卤水，除了有好的配方，还需要精良的选材及正确的操作，其中的每一道环节都必须重视，既不能掉以轻心，也不能厚此薄彼。即使手里有了一锅好的卤水，那也只是具备了做出好卤菜的基础。要想卤出色、香、味俱佳的卤菜，还要根据不同原料的特性灵活把握，这当中的很多因素都会对卤菜的最终效果产生或多或少的影响。

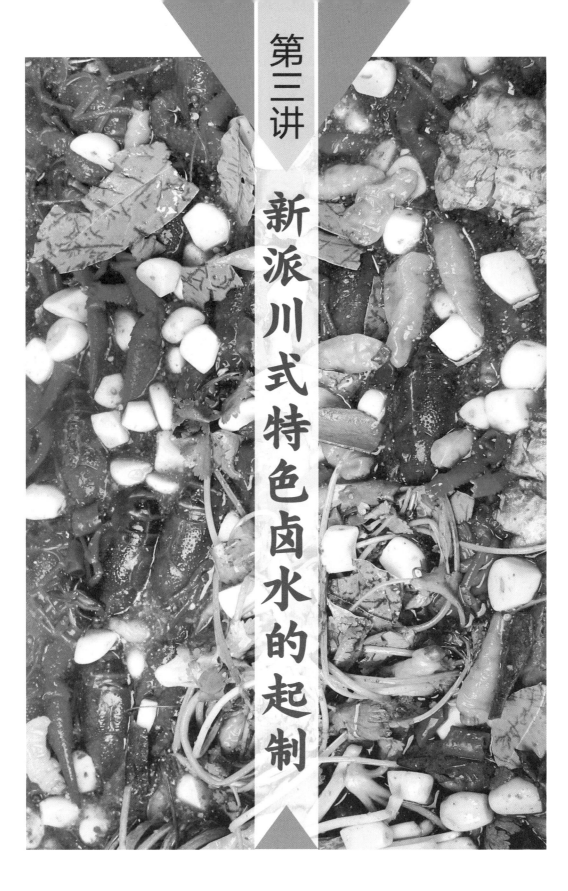

第三讲

新派川式特色卤水的起制

在四川地区，目前比较常见的新派川式特色卤水，主要是五香麻辣卤水、辣香川式卤水、达州油卤、泡菜卤水、茶香卤水、花椒卤水、海鲜卤水、鸭脑壳卤水、烤箱卤水等几种，至于是否符合广大顾客的口味和消费习惯，还有待时间检验，毕竟卤菜的制作不是简单几句话就能说得清楚，更多的是经验的积累。不过，只要掌握了基本的操作方法并熟悉香料的特性，相信大家一定能调制出满意的卤水。

从很大程度上讲，新卤水的起制效果，直接决定了以后整锅卤水味道的好坏，而所用香料的种类和比例，又确定了卤水香味的"基因"走向。只要新起卤水的香味从起步开始就走在了纯正的道路上，哪怕以后在补充香料时有所闪失，其味道也不会太差。反之，若是新制卤水的香味从一开始就脱离了正轨，哪怕后期通过补救，也很难达到理想的效果。

很多人在起制新卤水时，除了自己熬汤和配制香料外，往往还要从别处要来一些老卤水掺进去，他们认为这样能让卤水的香味更快释放，也能让卤水尽快符合卤制菜肴的要求，还能节约成本。殊不知，这样做有很多弊端。首先，自己配制香料的种类和比例可能与老卤水里的配方不完全相同，这种差异的存在，会多多少少影响到卤水的质量；其次，采用新老搭配方式制作而成的卤水，还会与所卤原料不太匹配，比如老卤水是专门用于卤鸭子的卤水，而新起的卤水却用来卤牛肉，这样就会造成一定程度的冲突。有鉴于此，下面我们将分门别类，给大家介绍几种川式特色卤水的起制方法和卤制原料。

在各种各样的川式卤水中，五香卤水是基础，比如麻辣卤水、香辣卤水、现捞卤水、达州油卤等，都是在其基础上演变而来。所谓五香卤水，是以基础香料增香压异，以糖色提色，主要体现食材的本味，其味道平和真实，没有特别突出的调料味道，如辣味、麻味、咖喱味等刺激味道。

我们下面给大家介绍的川式五香麻辣卤水，是针对卤制鸭头、鸭脖、鸭锁骨、鸭胗等鸭肉为主而专门调制的卤水。其味道的精髓，是将印度干辣椒与鲜小米椒的鲜辣、汉源花椒的香麻相结合，再与蔬菜的清香味和香料的五香味组合叠加而成，麻辣味层次丰富，鲜香味浓郁。下面，我们将按照操作流程为大家逐一讲解。

壹 五香麻辣卤水
制作攻略

一 制作香料包

配方

香叶15克　白蔻15克　八角10克　丁香5克　桂皮8克　小茴香15克　山奈8克　黄栀子壳15克　罗汉果2个　草果10克　千里香15克　灵香草10克　甘草15克　广香10克　汉源红花椒300克　印度干辣椒500克　白酒、色拉油适量

🅜 浸泡香料

制法

①将香叶、白豆蔻、八角、丁香、桂皮、小茴香、山奈、栀子壳、罗汉果、草果、千里香、灵香草、甘草、广香放入盆中，加清水将其刚好淹没，倒入适量白酒搅匀，浸泡30分钟至发涨，再捞出冲洗干净，投入清水锅中烧开煮1分钟后捞出沥水。另将汉源红花椒、印度干辣椒分别装盆，掺入清水将其淹没，然后倒入适量白酒搅匀，浸泡15分钟后，再分别放入清水锅中煮软，捞出沥水。

②炒锅中入少量色拉油烧热，下入汆过水的香料，用小火炒干水分至出香，出锅装盆待用。

③将煮过的干辣椒倒入锅中，用小火略炒片刻，然后下煮过的花椒一同炒干水分后出锅装盆，再与香料一同装入纱布袋里捆好成香料包。

🥣 制作关键

将香料、干辣椒、花椒用清水浸泡发涨的目的是使其回软，利于出味，而加白酒的目的是除异增香。将香料、干辣椒、花椒汆水的目的，是为了进一步除去异味，但时间不宜太长，以免香味、辣味、麻味流失过多。香料、干辣椒、花椒一定要下锅炒干水分，以进一步激发出味，其间可加少量色拉油同炒。

二 吊制卤料底汤

🌸 配方与制法

将猪棒子骨2500克敲破，猪肉皮1500克切成块，老母鸡1只（约1500克）治净，猪龙骨150克砍成块，分别投入沸水锅中汆去血水，然后装入不锈钢桶里，掺入清水30升，下老姜250克、大葱150克、料酒200毫升、胡椒粉15克，开大火烧沸后打去浮沫，再转小火熬制约两小时，至汤汁浓白时即得底汤。

🥣 制作关键

熬制底汤加入猪肉皮，是为了增加汤汁的浓稠度。吊汤的原料一定要汆去血水，除去部分异味，底汤才更鲜香。

三 配制蔬菜料包

🌸 配方与制法

①净锅入100毫升色拉油烧热，投入姜片200克、洋葱块150克爆香，然后

下香菜节250克、芹菜节250克、葱节200克炒干水汽，铲出装盆待用。

②另起一锅，入少量色拉油烧热，下鲜小米椒节500克炒至水汽将干且表皮发白时铲出装盆，并与炒好的蔬菜一同装入纱布袋中扎紧，即得蔬菜料包。

将炒制后的蔬菜装入纱布袋里

制作关键

各种蔬菜和鲜小米椒必须炒干水汽、炒香，但不能炒煳，目的是增加卤水的蔬菜清香味和鲜辣味。

四 炒制糖色

配方与制法

①把栀子100克放入热水盆中浸泡出色后捞出不用，即得黄栀子水。

②净锅入色拉油100毫升烧热，下冰糖1000克，用小火不停翻炒至浅黄色糖稀状，当继续炒至糖液起大泡、色泽变红时，将锅端离火口，用余热炒至糖液起鱼眼泡，色泽棕红时，再缓缓倒入泡好的黄栀子水，开大火熬5分钟，至颜色完全融合后出锅装盆，即得糖色。

浸泡好的栀子水

制作关键

栀子有提色的作用，将其放入温水里浸泡出色，再用于炒制糖色，能使糖色色泽更好、更稳定。炒糖色须用小火慢慢加热，必要时可离火降温，严格防止因火力过大而炒至焦煳，导致糖色发黑、发苦。炒糖色的最后一步是烹入热水或沸水，可使色泽更为融合、均匀，如果加入冷水，则容易造成糖液骤然降温而凝结成团，导致色泽不均。加入热水时要注意操作安全，防止糖色溅出烫伤。此外，在给卤水添加糖色时，一般要求新卤水用老糖色（即色泽深棕红），老卤水用嫩糖色（即色泽浅红色）。另外，还可根据卤制原料的多少决定用什么糖色，如果卤制原料多，可用老糖色；卤制原料少，可用嫩糖色。

五 炼制卤水增香油

❀ 配方与制法

把生鸡油1500克洗净后切成小丁，另将八角60克、白芷80克一起放入盆中，加入清水将其淹没，再倒入白酒60毫升搅匀，浸泡10分钟后捞出洗净。

净锅掺入少量清水，下入生鸡油丁、姜片和葱节，用大火烧开后转为小火，待熬至油渣酥脆时捞出油渣另作他用，再放入泡好的八角、白芷，用小火浸炸出香，出锅装盆后淋入白酒60毫升激香，即得卤水增香油。

🖼 炼制卤水增香油

🦑 制作关键

卤水增香油也叫卤水封油，用鸡油炼制，是起增加鲜味的作用。在炼制过程中，须掺入少量清水，先煮出油脂，再熬干水分，全程均用小火，这样慢慢炼制，既不易焦煳，味道也更加鲜香。在熬好的鸡油中加入香料增香时，也应采用小火慢慢浸炸，力求让香味充分融入油脂中。最后淋入白酒激香，是为了进一步除去鸡油的异味，增加香味。

六 熬制卤水及调味

🌸 配方与制法

往不锈钢桶里倒入10升熬好的卤料底汤，下入香料包和蔬菜料包，然后调入食盐400克、胡椒粒60克、鸡精20克、料酒80毫升、糖色400克，先用大火烧开，再转小火熬煮约1小时出味，即得五香麻辣卤水。

🖼 熬制卤水、调味及放入香料包

🖼 卤制原料成菜

🦑 **制作关键**

　　熬煮卤水时，料包一定要完全浸没于卤水中，这样更利于出味。糖色用量以汤汁呈现为棕红色最佳，也可根据成菜要求或浓或淡。熬煮卤水用小火、长时间加热更利于出味充分，切忌用大火让汤汁快速流失而致香味寡淡、味道偏咸。

七 卤制原料成菜

🔍 **制法**

　　将腌好的鸭胗、鸭头、鸭锁骨、鸭脖放入清水锅中，加入少量红曲米，开火汆透后捞出沥水，下入卤水锅中，倒入增香油750毫升，用小火卤至成熟、入味、上色后捞出，沥水、晾凉后改刀装盘，淋上少量卤水即成。

原料汆水时应冷水下锅，更利于除腥去异。加红曲米有上色作用，但卤菜主要靠糖色提色，所以红曲米不宜加得过多，有淡淡的红色即可。卤制时以小火浸卤为主，防止火力过大而冲烂原料。卤制时间一般是鸭胗卤30分钟，鸭头、鸭脖卤20分钟，鸭锁骨卤15分钟即可，如卤制时间过长，易造成原料软烂及过咸；时间过短，则原料质地过硬且不入味。

八 卤水保存

将卤好的原料拣出来后，应捞出香料包和蔬菜料包，沥去余汁后单独放入冰箱冷藏保存，然后打去锅中料渣，上火烧开，关火静置晾凉，加盖保存。若卤水长期不用，可放冰箱冷藏，每隔一周烧开一次，继续冷藏保存。

🖼 卤制过程结束后，捞出料包，打去料渣后保存

贰 川式新派香辣卤水制作攻略

一 卤水调制

🦋 配方

①基础汤料：老鸭1只　老鸡1只　猪棒子骨1500克　猪手1根　猪肘1个　猪肉皮750克　鸡脚500克　干香菇150克　干松茸150克　干茶树菇100克　大葱200克

②香料：八角40克　桂皮40克　香叶20克　山奈30克　小茴香20克　白豆蔻25克　罗汉果3个（约40克）　灵香草15克　甘草50克　甘松15克　广砂仁30克　荜拨8克　排草15克　草豆蔻20克　草果25克　当归60克　木香10克　白芷40克　桂枝20克　干辣椒节80克　干红花椒50克　干青花椒20克　白酒适量

③调色料：栀子45克　冰糖2000克

④油料：猪板油1000克　鸡油1000克　花生油500毫升　姜块、大葱、花椒各适量

⑤蔬菜增香料：鲜小米椒节、洋葱块、生姜片、大蒜瓣各适量

🔍 制法

①熬制基础汤：先把老鸭、老鸡、猪手、猪肘、猪肉皮和鸡脚分别治净，猪棒子骨敲破，将其全部放入沸水锅中汆一水后捞出沥水。干香菇、干松茸和干茶树菇用清水泡发涨后洗净，泡发菌菇的水过滤后留用。取一大号不锈钢桶，掺入清水60升，放入老鸭、老鸡、猪棒子骨、猪手、猪肘、猪肉皮、鸡脚、香菇、松茸、茶树菇、干黄豆和大葱，用大火烧开后转小火吊制10小时，至锅内汤汁剩下约50升时打去料渣。

②香料初加工：将各种香料按配方计量要求逐一称重，桂皮掰碎、草果去籽、当归切成片，再与八角、香叶、山奈、小茴香、罗汉果、白豆蔻、灵香草、甘草、甘松、广砂仁、荜拨、排草、草豆蔻、木香、白芷和桂枝一起入

⑫ 泡香料的汁水留用

⑭ 将香料入锅炒香

⑬ 倒入混合油

⑮ 滗出香料油

盆，并倒入用一半白酒和一半清水兑制的酒水液，浸泡30分钟后捞至另一个盆中，然后放入干辣椒节、干红花椒和干青花椒，待掺入开水浸泡发涨后捞出沥干水分，汁水留用。

③调色料加工：栀子拍破，用开水浸泡发涨后捞出装入纱布袋中，汁水留用。将冰糖、750毫升菜油和750毫升清水一同入锅炒至色金黄时，掺入2000毫升开水熬制成糖色。

④油料炼制：猪板油、鸡油切碎，与花生油一同下锅，加入姜块、大葱和少量花椒，用小火慢慢加热，以免焦煳。待熬制成混合油后，打去残渣待用。

⑤卤水调制：在炒锅中放入炼好的混合油烧热，投入鲜小米椒节、洋葱块、生姜片、大蒜瓣这四种蔬菜增香料炸出香味，然后捞出沥油并装入纱布袋里包好，再下入泡涨的香料，用小火炒出香味，关火稍凉后滗出香料油留用，并把香料平分装入两个纱布袋里包好待用。

⑥把不锈钢桶里的基础汤料烧开，调入食盐吃好味，加入浸泡过栀子的汁水、栀子料包、蔬菜料包、一个香料包和香料油搅拌均匀，再加入胡椒粉、浸泡菌菇的汁水、泡香料的汁水和糖色搅匀，熬制30分钟后即得新派川式卤水。

🍳 制作关键

①此款川式新派香辣卤水是在吸纳粤式卤水某些优点的基础上调制所得。首先，在熬制基础汤料时加入猪手、猪肘、猪肉皮和鸡脚，既能增加卤水的脂香味，又能让卤汁具有一定的黏稠度，更利于原料着味，这几种原料在早期传统川式卤水基础汤料的制作配方中是没有的。其次，在基础汤料里加入干香菇、干松茸、干茶树菇等菌菇原料一起熬制，可弥补新起卤水因氨基酸含量少而造成卤水鲜味不足的缺陷。

②在香料的选择上，此款卤水同样借鉴了粤式卤水的调香手法，比如香料配方中的罗汉果、灵香草、广砂仁、荜拨、排草、木香、桂枝等，均是粤式卤水的常用香料。其中，罗汉果能清肠润肺，灵香草能去腥压异。另外，在给卤水调色时，除了用到传统卤水中的糖色外，还借用了粤式卤水加入栀子的手法，更利于将卤水调制出金黄、发亮的色泽。

③在此川式新派香辣卤水的调制过程中，还特意增加了炼制油料和炸制蔬菜增香料两个环节，其用意非常明确。用一种植物油和两种动物油炼制出来的混合油，能大大丰富卤水的脂香味，特别是鸡油，既能添香，又能增鲜。炼制

此混合油切忌添加牛油和羊油，因为腥膻味太浓，会破坏卤水的香味。另外，炸制蔬菜料能给卤油和卤水增加清香味，其中洋葱的作用特别明显，此外，还可加入香菜、胡萝卜、大葱、香葱、干葱等。

④在对香料进行初加工时，同样应遵循"大块掰碎、带壳去籽、粗条切片"的基本原则。用兑制的酒水液浸泡香料，有利于香辛物质的析出，但浸泡时间不宜过久，否则会导致香味的散失。把香料与干辣椒节、干红花椒、干青花椒一起加开水浸泡，主要是让其吸水膨胀，以便入油锅后香味能更快地释放，并且不易焦煳。在所有香料中，当归的作用很关键，它能中和其他香料的性味，使各种香味能相互补充、彼此融合，促使卤水的整体香味更加和谐。由于当归的药味太重，故用量宜少，否则会喧宾夺主，破坏卤水的香味。另外，在卤水里加入干辣椒节和鲜小米椒，主要是起提升香辣和鲜辣的作用，而干红花椒和干青花椒的加入，主要是起增香和除异的作用，其目的并不是为了强调麻味。

⑤把泡好的香料放入烧热的混合油中炒制时，必须使用小火慢炒，这样做，既利于出香，又能有效避免焦煳。把炒好的香料沥油后分别装入两个纱布袋内，其目的是增加后续卤水调香的灵活性。一般是先放一个香料包，若香味足够，那么另一个香料包就留待以后需要续香时再使用；若感觉香味不足，那就再加放另一个香料包。另外，所有浸泡原料后剩下的原汁均要留用，并加到卤水里用于补味、提色。

⑥新制卤水与老卤水相比，其鲜味和香味通常都会有所欠缺，即便本款新派川式卤水补充了增鲜加香的菌菇原料，使用了混合油料，以及预先用油对香料进行了炒制，但还是无法避免这一缺陷，仅仅是有所改善而已。卤水鲜香味的积淀，是一个循序渐进的过程，新制卤水必须经过多次卤制和更换数次香料包，让各种原料的鲜香味和香料的香辛味充分融入卤水中后，才能让卤水渐渐表现出浓香的味道，一锅优质的卤水才算调制到位。另外，新制卤水的颜色通常都比较浅，初期以金黄色为佳，随着使用频率的增加，其颜色会逐渐加深，并呈现出棕红、发亮的色泽，卤出来的菜品颜色也会越来越赏心悦目。

二 卤制原料的选择和初加工

此款川式新派香辣卤水可以卤制的原料几乎没有太多限制，荤的可卤牛肉、猪头肉、猪耳朵、猪心肺、猪肝、猪排骨、猪小肚、鸡、鸭、鸡脚、鸡尖等；素的可卤豆制品（如豆筋）、海带、藕片、鲜笋等。

荤料洗净后要改刀，如牛肉、猪头肉、猪心肺、猪肝等均需切成大块，猪排骨斩成大块，再放入冷水锅里烧开余去血水。捞出来用清水冲洗干净后，可加姜、葱和料酒腌渍，进一步去腥除异。素料中的干豆筋和干海带需用温水浸泡发涨。

三 卤制流程及关键环节

卤水调好并熬煮出味后，可先把大件和不容易卤熟入味的荤料下锅用小火卤制，如牛肉、猪头肉、猪耳朵、猪心肺、猪肝、猪排骨、猪小肚、整鸡、整鸭等，这些原料一般都要卤制1小时左右。而鸡脚、鸡翅尖、泡涨的豆筋等小型易熟入味的原料，则可先装入大盆里，用烧开的卤水浸泡30分钟，待卤锅里的大件原料成熟入味后捞出，再下入卤水锅里卤10分钟关火，然后捞出晾冷装盘。其卤制关键环节如下。

①荤料的初步处理以漂净、冲净和余净血水为度，也可加些姜、葱和料酒用于增香除异。卤制原料前，可用卤水预先浸泡原料，这样在卤制时就更容易入味，其浸泡时间可根据原料形状的大小和质地的老嫩灵活掌握。

②卤制原料时，一般使用小火并结合关火焖制的方式，其卤制时间可根据火候和原料的特性灵活掌握。

叁 达州油卤水
制作攻略

　　达州油卤是因起源于川东达州地区而得名。作为一种极具当地民间特色的卤制方法，其特点是菜品色泽鲜亮、香味浓郁、辣味十足。本世纪初，油卤菜在达州当地卖得很火，于是某些商家决定把它引进到成都，但由于油卤菜的辣味太过浓烈，并不适合当时成都消费者的口味，最后只能铩羽而归。近年来，随着餐饮互联网经济的不断发展，以及人们嗜辣程度的提升，达州油卤菜又重新杀回成都餐饮市场，并大获成功。

　　在传统餐饮行业中，卤菜向来属于小众门类，极具特色经营、各自为政的鲜明特点，其卤制技术被视为镇店之宝，一般不会外传，作为地方特色的达州油卤，同样显现出神秘的色彩。据说，达州油卤是由重庆火锅演变而来，通常来讲，地道的重庆火锅，汤水只占三成，油脂占七成，原料多在油脂里烫熟，汤水只起保温和控温作用。而达州油卤更为极致，其卤水里的汤水最多只有一成，剩下的全是油脂，甚至全是油脂而无水分，所以，换一个角度来讲，

🄸 达州油卤的红色卤油

达州油卤的火候更难把控。我们知道，辣椒的辣味和香料的香味都是脂溶性的，而达州油卤水的油脂中既融入了辣椒的辣味，又有脂溶性香料的香辛类物质，它们通过卤制过程再渗透到原料里，从而让达州油卤菜比重庆火锅和水卤菜更辣、更香，从而形成了达州油卤菜的最大特色。

一 调制油卤汁

🌸 配方

　香叶125克　山奈125克　小茴香125克　陈皮50克　丁香25克　白豆蔻100克　八角100克　桂皮50克　白芷25克　荜拨50克　砂仁100克　草果100克　灵香草50克　胡椒25克　香果100克　高度白酒适量

🔍 制法

　①把陈皮、桂皮掰成小块，草果去籽，香果拍破，将所有香料放入盆中，淋入高度白酒拌匀，浸泡发酵1小时左右。另外再用高度白酒浸泡两份比例和重量完全相同的香料备用。

🖼 浸泡香料

图 下香料、干辣椒等炼制卤油　　　　图 加酒发酵前后的香料细粉

②将用白酒浸泡好的三份香料分别按不同方式进一步加工处理：其中一份用纱布袋包好，制成水卤香料包；另一份打成较粗的颗粒，制成炼油卤的香料；最后一份打成细粉，制成卤制时用于补充调味的香料。

制作关键

经高度白酒浸泡过的香料，可使其中的脂溶性香味物质在卤制时出味更快、更彻底。由于水卤香料是通过长时间煮制出味，故不必打碎，而油卤香料是在油脂中经过较长时间加热，并在低温状态下提取香味，故应打成粗颗粒，如果打磨得过细，容易焦煳而影响到卤油的风味。此外，如果油卤原料过多或经反复、多次卤制后，卤油的香味会因原料量大而不足或渐渐损失，这时就需加入香料细粉进行快速补充。所以，油卤香料需要制成三种不同的形态，并在卤制中的各个环节起到各自不同的作用。

二　调制水卤汁

配方

水卤香料包1个　鲜汤30升　干辣椒节1000克　姜片300克　葱节300克　洋葱块200克　食盐150克　醪糟汁100毫升　味精20克　鸡精20克　花椒30克　糖色100毫升　熟菜籽油100毫升

🔍 制法 |

炒锅入熟菜籽油烧热，投入姜片、葱节和洋葱块爆香，下入干辣椒节、花椒稍炒至出味，掺入鲜汤烧沸，再倒入不锈钢桶里，放入水卤香料包，调入食盐、醪糟汁、味精、鸡精和糖色，开小火熬制一个半小时即得水卤汁。

🐟 制作关键 |

①与传统卤水的制法相比，该水卤汁加入了大量干辣椒用于提升辣味，花椒用量较少，只是起去异增香的作用，其用意并非突出麻味。

②该水卤汁主要用于预先卤制或提前浸泡某些形态比较大或不太容易入味的原料，让其先吸收一些底味，以便这些原料在后续的油卤过程中更易入味和成熟。

三 | 炼制油卤汁

🐰 配方 |

粗粒香料1份　干辣椒节1500克　熟菜籽油8升　鲫鱼2条　姜片100克　葱节200克　洋葱块400克　胡萝卜片300克　香菜梗300克

🔍 制法 |

炒锅置火上，入熟菜籽油烧至三成热，先投入姜片、葱节、洋葱块、胡萝

📷 过滤后得到的油卤汁

📷 打出的料渣

卜片、香菜梗和处理干净的鲫鱼炒香，再下粗粒香料和干辣椒节，用小火慢慢炒制30分钟，至干辣椒变为棕红色且香料溢出香味时关火焖凉，先打去料渣，再予过滤得到油卤汁。

制作关键

①炼油卤汁只能使用纯菜籽油，这样熬制出的油卤汁味道更香，千万不要使用牛油、鸡油、猪油、羊油等动物油脂，一是因为动物油脂晾冷后容易凝固；二是动物油脂自身的味道会掩盖香料的香味。

②炼油卤汁使用洋葱块、胡萝卜片、香菜梗等蔬菜料，能增加油脂的香味，用鲫鱼会增加鲜味。粗粒香料和干辣椒节下锅的油温要低，甚至可以冷油下锅，炒制的火力一定要小，并需长时间不停地慢慢炒制，以使香料的香味和辣椒的辣味尽可能多地融入油脂里。这里需要特别说明的是，因为油卤汁的实质是辣味香料油，而不是火锅底料，所以炼油卤汁只用干辣椒节提取香辣味，不用糍粑辣椒（主要提辣味和色泽），也不能添加辣椒豆瓣酱（厚味作用）。另外，干辣椒炒至棕红色即可，在关火焖制后则会变成棕褐色。

③通常情况下，熬制油卤汁的料渣一般会丢弃不用，不过为了节约原料，可将其装入纱布袋放入水卤汁里加热煮制，以进一步提取辣味和香味，但前提是料渣不能有焦煳味。

四 油卤菜肴

油卤一般是以卤制小件荤素料为主，这是因为油卤的时间通常都比较短，而大块原料很难在短时间内充分吸收油脂的香味和辣味。若是卤制大块原料，则应先在水卤汁里预卤入底味，油卤前还须改刀，然后下锅卤制，如牛肉、牛肚、猪小肚、莲藕、豆笋等，在油卤前均要切成片或条。

另外，根据原料质地和老嫩程度的不同，某些原料需要先在水卤汁里预卤后再油卤，而某些原料只需在水卤汁里浸泡后便可油卤，还有一些原料则可直接油卤。具体而言，牛肉、牛肚、猪小肚、鸭胗、老鸡脚、鸭脚、小龙虾等，需要根据自身特点调节预卤时间；鱿鱼须、鸭舌、豆干、豆笋等只需用水卤汁浸泡后便可；莲藕、菌菇类原料和鲜鲍鱼则可直接油卤。

肆 海鲜油卤水 制作攻略

　　我们在上文中讲过，油卤是四川达州地区的特色卤菜，其浓厚的麻辣味，深受年轻人喜欢。达州油卤主要用于卤制家禽、家畜原料，如鸡爪、鸭舌、鸭肠、鸡胗、鸭胗、鸭翅等；也可卤制部分素菜，如豆笋、竹笋、莲藕、海带等。达州油卤通过充分融入花椒、辣椒的麻辣味及各种香料的香味，再经卤油渗透到原料里，让成菜充分体现出更辣、更香的味道，从而形成了油卤菜的特色。

　　随着保鲜技术的不断革新和物流的高度发达，以前只能在沿海一带才能吃到的海鲜食材，已广泛进入到内陆地区，并走上了平常人家的餐桌。那么，可不可以把油卤这种烹调技法与海鲜结合起来，制作出风味独特的油卤海鲜菜呢？当然可以！

油卤海鲜是在达州油卤的基础上演变而来。油卤海鲜虽然也使用油卤水，但因为海鲜产品具有味道鲜香、肉质细嫩的特性，因此，我们在调制海鲜油卤水的时候，就不能完全像达州油卤水那样一味强调麻辣和浓香的口感，否则就会抑制海鲜产品本身的鲜香味。有鉴于此，我们在调制海鲜油卤水时，首先就必须减少花椒和干辣椒的用量，让口味变得略麻微辣。其次，香料应选用香味清淡并能去除或遏制海鲜腥味的品种，而且用量不宜过多，这样既能保持海鲜品的鲜香味，又能突出本味。

油卤海鲜的卤制过程通常分两步完成，第一步是先把海鲜品放在卤水锅中卤熟；第二步是把卤熟后的海鲜品捞出来，再单独用事先熬制好的卤油浸泡、加热使其入味。

一　调制海鲜油卤水

❀ 配方

①香料：八角10克　砂仁5克　陈皮5克　香茅草20克　小茴香10克　高良姜5克　灵香草5克　甘松5克　草果10克　桂皮10克　肉豆蔻5克　山楂5克　山奈10克　香叶5克　白芷5克　白豆蔻5克　香果5克　红豆蔻5克　桂枝5克　丁香5克　广香5克

②调味料：料酒300毫升　香菜梗150克　胡萝卜块150克　干葱100克　洋葱块200克　大葱节80克　小葱80克　生姜块50克　鲜红椒块100克　干辣椒节30克　花椒15克　木鱼精20克　蚝油100毫升　干贝100毫升　鲜香茅草80克　味精50克　鸡精50克　食盐150克　冰糖30克　生抽200毫升

🔍 制法

将上述香料一并装入纱布袋中包好，放入不锈钢桶里，掺入高汤，下入料酒、香菜梗、胡萝卜块、干葱、洋葱块、大葱节、小葱、生姜块、鲜红椒块、干辣椒节和花椒，先用大火烧开，再转中小火熬出香味，然后调入木鱼精、蚝油、干贝、鲜香茅草、味精、鸡精、食盐、冰糖和生抽熬出颜色和味道，关火晾凉，打去料渣，即得味道鲜美、色泽棕红的海鲜油卤水。

图 花甲加油脂用清水浸泡

图 放入姜片、葱节和柠檬片腌渍去腥

二 炒制浸泡卤油及卤制

　　炒锅入色拉油和熟菜籽油（共8升）烧热，下入姜片150克、葱节150克、干辣椒100克、花椒50克和香料（所用香料与熬制海鲜油卤汁的品种和比例完全一致）炒香出色，掺入清水烧沸，调入少量食盐，转小火熬至水分将干时，打去料渣不用，烧干水分后，即得味香色红的浸泡卤油。

　　卤油调好后，接下来就可卤制海鲜品了。不过，由于海鲜品的腥异味较重，故须先码味去腥，再汆水除异，然后进行卤制，最后放到浸泡卤油中浸泡成菜。下面，我们将选用花甲、蛏子皇、花蟹、爬爬虾、鲜鲍鱼、罗氏虾、八爪鱼这几种海鲜原料进行介绍。

🐟 选虾

🐟 剞"十"字花刀

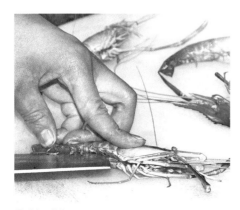
🐟 剖开大虾

🐟 切开爬爬虾

🔘入锅卤制

🔍 制作流程 |

①腌码去腥：花甲洗净后入盆，掺入清水并滴入少量油脂，让其吐去泥沙。另把蛏子皇、花蟹、爬爬虾、鲜鲍鱼、罗氏虾和八爪鱼分别处理干净后入盆，放入姜片、葱节和柠檬片，倒入白醋和广东米酒拌匀，将其腌码去腥。

②氽水改刀：锅中掺清水烧沸，分别投入漂洗净的各种海鲜品，离火氽透，捞出沥水，再冲水至凉。其中，氽好的鲜鲍鱼须在肉厚处剞"十"字花刀，而爬爬虾和罗氏虾则需从腹部剖开。

③入锅卤制：取一不锈钢桶，放入鲜香茅草，掺入海鲜油卤汁和少许小米椒粒搅匀，再放入鲜青花椒，调入蚝油、白糖、鸡精、味精和少许香料粉（所用香料与熬制海鲜油卤汁的品种和比例完全一致），搅拌均匀后上火烧沸，并稍加熬煮至出味，然后分别下入氽过水的花甲、蛏子皇、花蟹、爬爬虾、鲜鲍鱼、罗氏虾和八爪鱼，用中小火卤制。其中，八爪鱼、花甲、蛏子皇和鲜鲍鱼卤3分钟，罗氏虾卤5分钟，爬爬虾和花蟹卤10分钟，之后关火焖制20分钟，即可捞出沥去卤油。

④浸泡赋香：取一不锈钢盆，掺入卤油，放入卤过的海鲜原料浸泡片刻，再上火稍为加热收制，捞出后沥去余油即成。

制作关键

①海鲜油卤是在达州油卤的基础上变通、改良而来，其调整方向，是适应海鲜原料的特点，即保持海鲜品鲜香、细嫩的口感和本味，正是基于这样的考虑，所以，在调制海鲜油卤汁时，应适当减轻麻辣味，以选择清香味的香料为主，尤其要突出制作海鲜菜肴常用的香茅草味道。

②调制海鲜油卤汁要适当添加一些蔬菜原料一同熬制，其目的是让卤汁呈现出蔬菜的清香味，丰富卤汁的味道，如香菜梗、胡萝卜块、干葱、洋葱块、大葱节、小葱、生姜块等，加入鲜红椒块则有提色的作用。此外，之所以在给海鲜油卤汁调味时要加些木鱼精、蚝油和干贝，其用意是为了强化海鲜风味。同时，加入冰糖可缓解麻辣味，加些生抽可提色，最终调制成色泽棕红、麻辣鲜香，有淡淡蔬菜香味和海鲜风味的海鲜专用油卤汁。

③在炒制浸泡卤油时，油温一定要低，以三成热为好，等到把花椒的麻香味、辣椒的辣味、香料的香味及红色充分炒制出来后，再掺入清水，并用小火慢慢熬制出味。必须强调的是，炒制浸泡卤油的香料要与熬制海鲜油卤汁的香料品种和比例完全一致，以免风味有变。

④油卤海鲜的食材一般选用体积不太大的小海鲜原料，如各种虾、蟹、花甲、蛏子皇、鲜鲍鱼等。在腌渍前，必须把带壳海鲜品的表面刷洗干净。此外，在腌渍时，除了使用姜、葱等常规原料外，还要加入去腥除异效果较好的柠檬片、白醋和广东米酒。

⑤汆制海鲜原料的沸水一定要多，并且在汆水时要离火，以防止清水过于沸腾而让原料质地变得老韧。此外，每种海鲜原料下锅汆制的时间一定要掌握好，花甲和蛏子皇汆水以后，还需反复淘洗去沙，爬爬虾、鲜鲍鱼和罗氏虾则要剞刀或剖开，以便后续卤制时更易入味。

⑥卤制海鲜食材前，要先给海鲜油卤汁调味，如加入鲜香茅草和香料粉以提升香味，加入青花椒和小米椒赋予麻辣味，加入蚝油增加海鲜味，加入白糖和味及缓解麻辣味，必须待这些调味料熬出味后，才可放入海鲜食材进行卤制。此外，还要掌握好不同海鲜原料的卤制时间，一旦过火，则会造成食材质地老韧且咸味失调。当然，关火后的浸泡焖制时间应足够，以确保其入味恰到好处。

⑦将海鲜原料卤好后再放入卤油里浸泡补充调味，目的是让油脂中的香味和麻辣味进一步渗透到海鲜原料里。其方法是稍稍加热收浓，使卤油的味道在热传导的作用下尽快渗入到原料中。不过，温度不宜过高，否则就变成油炸了。

伍 鸭头卤水制作攻略

十多年前，自打四川邛崃地区的卤鸭头爆红以后，川渝两地以卤鸭头为主打的餐馆迅速爆棚，开店数量不断翻飞，一度呈现出几何级数增长的态势，鸭头的身价也是水涨船高、节节攀升。猛然之间，一直处于边缘地带的鸭头，有幸通过卤水的加持而实现华丽转身，顿时在餐饮市场上风光无限。

与国内其他地域不同，四川风味的卤鸭头，是采用川式传统卤水香料与西式香料相结合的方法，并在卤水中加入爆辣的印度干辣椒调制出速效麻辣味。在制作流程上，采用了先卤制、后冒烫的两次加工方式，而且是将卤熟的鸭头一斩为二后再加以冒烫，这样制作出来的鸭头更入味，也更麻辣鲜香。

一 调制速效麻辣卤水

❀ 原料

①中式香料：八角50克　桂皮30克　丁香10克　草果50克　香茅草3克　当归30克　香叶5克　荜拨10克　栀子10克　砂仁15克　白豆蔻6克　高良姜30克　山奈8克　陈皮15克　罗汉果2个　小茴香30克

②西式香料：百里香10克　蛇蒿叶10克　鼠尾草20克　牛至叶25克　千里香15克　迷迭香20克

③配料：鲜汤60升　印度干辣椒2500克　干红花椒1500克　化鸡油2500毫升　冰糖250克　姜块1000克　食盐1500克　味精500克　鸡精500克

🔍 制法

①中式香料均打成细粉，另将印度干辣椒和干红花椒一并放入沸水锅里煮5分钟，捞出后沥水，汤汁不用。

②取一不锈钢桶，掺入鲜汤烧沸，下入姜块、化鸡油及氽过水的印度干辣椒和干红花椒，再放入中式香料粉和西式香料，调入食盐、味精、鸡精和冰糖，用小火熬制约两小时，至香味和麻辣味均充分释放后，即得到速效麻辣卤水。

制作关键

①因中式香料大多块头比较大，故需打成细粉，以利快速出香。市售的西式香料一般都已经过前期加工，形状较小，易出味，故不必进一步加工。需要特别强调的是，西式香料里的蛇蒿叶不宜用得太多，否则味道会发苦。印度干辣椒辣度很高，把它与干红花椒放入沸水锅里氽一水，是为了除去苦味。这种将中西香料结合运用的卤水，既带有中式香料的浓香，又带有西式香料的清香，可谓相得益彰。

②这里所用到的鲜汤与传统川式卤水所用的鲜汤熬制方法差不多，也要用到鸡、鸭、猪棒子骨、鸡骨架等原料，但熬制这款鲜汤需要加入大量猪肉皮，以使卤水具备一定的黏稠度。

③调制卤水时加入化鸡油，既能增加鲜香味，又能增加脂香味，而冰糖则起到缓和麻辣、调和诸味的作用。另外，卤制鸭头主要体现其自然本色，故卤水里不必加糖色。

④卤制全程用小火保持汤汁微沸即可，因为卤水出香和鸭头入味都需长时间熬制方可两全其美，而不取决于火力大小。

二 鸭头卤制流程

原料

鸭头500个　速效麻辣卤水1桶　姜块500克　食盐500克　味精250克　鸡精250克　冰糖150克

制法

①鸭头用清水漂净血水后捞出，沥干余水，放入烧开的速效麻辣卤水桶里，用小火煮30分钟后关火焖20分钟，再捞入大筲箕里沥去卤水，并将鸭头表面附着的辣椒、花椒等香料清理干净。

②把卤好的鸭头整齐码放在不锈钢盘里，待其表面自然风干后，放入冰箱里稍加冷冻后取出，用刀斩成皮肉相连的两半，用卤水烫冒后即成。

🐮 制作关键 |

①用于卤制的鸭头，大多取材于质地细嫩的肉鸭，很容易熟透、入味，故不需汆水和码味。卤鸭头同样采用煮焖结合的方式，小火煮是为了煮熟，关火焖是为了入味。另外，还需将附着在卤鸭头表面的花椒和辣椒清理干净，以利下一步操作。

②因卤熟后的鸭头质地比较软，容易碎烂，故出锅后不能用力挤压，需摆放整齐。将熟鸭头入冰箱稍加冷冻后定型，既有利于改刀，又有利于在低温下进一步入味，但不能冻硬。

③因速效麻辣卤水所用香料多为粉末，优点是出味快，缺点是香味损失也快，故每次重新卤制鸭头前，都要根据卤水的出香情况酌情增添香料。另外，由于卤水里的辣椒和花椒并没有装入纱布袋中，导致卤水料渣偏多，需及时清理，一般来说，卤制三次就应清理卤水并重新更换辣椒和花椒。随着卤制次数的增多，卤水里会积存下大量卤油，应及时打出作为调制冒烫汁的油脂。

🔲 卤制鸭头

卤好后装入大筲箕内　　　　　　　　抖去花椒粒

三　鸭头冒烫流程

🌸 原料

卤好的鸭头10个　　冒烫汁1锅

🔍 制法

把卤好的鸭头装入不锈钢漏网内，再浸入烧开的冒烫汁里上下提拉冒烫几次，至鸭头内外全部热透后，沥去多余的卤油装盘即成。

🐟 制作关键

①冒烫汁所用香料与卤水中的香料不一样，主要起补充调香的作用。在冒烫汁中加入卤油，能增加冒烫汁的麻辣味和香味。因卤油里的辣味足，损失少，而挥发性的麻味损失较多，故需用藤椒油补充麻味。

②冒烫汁中的卤油占比很大，一般会达到料汁总量的2/3以上，这一点与油卤很相似，故最后成菜的卤鸭头不仅香味十足，而且又麻又辣。

③在冒烫卤鸭头时不能浸煮，仅需烫热即可。因为冒烫是食用前的最后一道补充调味工序，如果煮制时间过长，斩开后的鸭头很可能会因此散碎而导致不成形。

川味卤水卤菜调制宝典

四 冒烫汁的调制方法

冒烫汁的调制，是把辛夷10克、甘松15克、青皮10克、白芷20克、八角25克、小茴香5克、孜然10克打成细粉，放入烧开的10升鲜汤锅里，掺入卤油20升，调入食盐350克、鸡汁50毫升、鲍汁20毫升、藤椒油500毫升和适量冰糖，用小火熬制30分钟而成。

🖐 将卤好的鸭头放入冒烫汁中冒烫

陆 泡菜卤水制作攻略

有人说，泡菜是川菜之骨，它的身影在经典川式菜肴里随处可见。四川人喜食泡菜又钟爱卤菜，在四川民间流传的古方中，还把泡菜加入到川式卤水中用以制作卤菜。人们在遵循传统川式卤水调制技术的基础上加入川式泡菜，并研发、总结出泡菜制卤的相关技巧，最终将泡菜卤水这一濒临失传的传统技艺传承下来，并呈现在我们的面前。

泡菜卤水采用民间工艺制作，使用自配香料卤煮成菜，充分体现了原料的自然本味，入口醇香浓烈，回味麻鲜微辣，辛中带甘。泡菜卤水与传统川式卤水最大的不同，就在于它并不是越卤越香，而是每次卤制前都需重新调整香味和添加泡菜，以此保持稳定如一的味道。这种卤菜在吃法上也有所不同，是采用凉菜热吃的方式，即用热卤水浸泡着卤菜食用。不仅如此，泡菜卤水还体现出"一锅卤汁万物皆容"的大度和随和，荤素不论，皆可下锅卤制，只不过应分锅操作。

一　调制泡菜卤水

原料

①泡菜料：泡酸菜茎1000克 泡嫩子姜1000克 泡酸萝卜1000克 泡子弹头辣椒750克 大蒜瓣600克 葱节200克 泡野山椒1瓶 鲜小米辣椒500克 花椒40克 化鸡油1500克 葱油1500毫升 熟菜籽油1500毫升 鲜汤30升

泡菜

📷 炒好的泡菜料

②香料：八角60克　山柰100克　草果60克　干香茅草20克　小茴香50克
白豆蔻50克　桂皮30克　香叶30克　砂仁60克

③调味料：食盐500克　味精500克　鸡精500克　白糖200克　糖色400克

🔍 制法 |

①将泡酸菜茎、泡嫩子姜、泡酸萝卜分别切成厚片；大蒜瓣用刀拍松；鲜
小米辣椒切成节。所有香料均打成细粉，并装入纱布袋里扎紧待用。

②炒锅置火上，放入化鸡油、葱油和熟菜油烧热，下入泡酸菜茎、泡嫩子
姜片、泡酸萝卜片、泡子弹头辣椒、大蒜瓣、葱节、泡野山椒、鲜小米椒节和
花椒，用小火炒至干香、出味时，离火焖制30分钟待用。

③在不锈钢桶内掺入高汤，上火烧沸后放入香料包，倒入炒好的泡菜料，调入食盐、味精、鸡精、白糖和糖色，用小火熬制约两小时，至香味溢出时，即得泡菜卤水。

🐟 制作关键 |

①制作泡菜卤水最好选用农家土坛泡制出来的泡菜，这是因为土坛泡菜的发酵酸味更为纯正。泡菜的咸度要适中，如果过咸，可用清水漂去部分盐味。炒制时用化鸡油和葱油是为了增加卤水的鲜香味，炒泡菜一定要小火慢炒，并且要求达到水分炒干、香味溢出的程度。另外，泡菜可一次性大量炒制后统一保存，然后根据卤制原料的多少和卤水味道的浓淡灵活添加。

②把香料打成细粉，一是出味快，二是可减少用量，节约成本。香料的用量应根据卤水香味和卤料分量的变化灵活增添。一款调好的泡菜卤水，应同时具有泡菜与香料中和后产生的复合味，又兼具小米辣椒的鲜辣味。

二 | 卤制菜肴

🧂 原料 |

净土鸭2只（约3000克）　猪耳2个（约2000克）　猪蹄4只（约1800克）　猪肥肠2000克　鸭胗1000克　水发豆笋1500克　水发白芸豆1000克　泡菜卤水1锅　熟花菜500克　泡菜料800克　洗澡泡菜400克　炒制食盐150克　香料粉80克

🔍 制法 |

①净土鸭、猪肥肠、鸭胗分别治净，猪耳和猪蹄放火上烧透并刮洗干净。将所有主料放入盆中，均匀地抹上加有八角和花椒炒烫的热盐腌渍30分钟，再放入沸水锅里汆一水后捞出待用。

②泡菜卤水上火烧开，将净土鸭、猪耳、猪蹄、猪肥肠和鸭胗入锅，用小火卤制20分钟后关火，再焖制40分钟，至原料成熟、入味后，捞出沥去多余的卤水，摆在不锈钢盘里待用。

 将卤制原料下入卤水中卤制

③把泡菜卤水舀入另一口锅内，加入一些香料粉和炒好的泡菜，用小火熬香，再下入水发豆笋和水发白芸豆浸卤至熟，捞出沥去多余的卤水待用。

④将卤猪耳、卤猪肥肠、卤鸭胗、卤豆笋分别切片，卤猪蹄斩成块，先装入垫有熟花菜的窝盘里，再放入卤白芸豆，浇上滚热的泡菜卤水，点缀一些洗澡泡菜即成。卤土鸭则直接斩块装盘。

🐷 制作关键

①猪耳和猪蹄用火烧透，更能有效去除异味。给荤料用加有八角和花椒炒烫的热盐腌味，是让其在卤制前具备一定的底味。

②每次卤制前，都必须检查泡菜卤水中的香料味是否充足，泡菜的酸味、鲜辣味和麻味是否正常，汤汁的分量是否足够。若有不当，可适量添加香料、炒好的泡菜料和汤汁予以调节。另外，泡菜料在卤水锅里卤煮至变淡后应及时

捞出，并更换新料，否则容易败坏卤水品质。最简单的方法，是把泡菜料装入纱布袋里使用，这样卤水会显得更加清爽、干净。

③卤制菜肴一般都是采用煮焖结合的方式，即小火煮、关火焖，为了力求入味一致，要求煮焖时卤水一定要淹没原料。另外，水发豆笋、水发白芸豆等素食原料必须另锅卤制，以免败坏卤水。不仅如此，卤制素食原料的卤水在使用几次后就应废弃，必须取用新卤水或卤制荤食的卤水，并加入香料、泡菜料和高汤重新调制。

④用泡菜卤水卤出来的菜肴，除了卤鸭是凉吃以外，多数都需淋上热卤水热食。为了避免荤菜腻口，可在盘底垫些煮熟的素菜解腻，如花菜、儿菜、萝卜等，还可点缀些洗澡泡菜用于清口解腻。

柒 烤箱卤水制作攻略

随着人力成本的增加，以及店铺租金的不断上涨，餐馆的经营压力变得越来越大，鉴于这种情况，用一些机械设备去替代部分人工，便成了经营者的新选择。就卤制菜肴来说，不需专人看管，又能一直保持恒温的烤箱就成了理所当然的首选。烤箱的一大优势是具有恒温功能，采用此种方式卤制菜肴，卤水的消耗量明显低于传统卤制方式，且时间安排相对比较灵活，人们可利用上午上班前或午休时间进行卤制，到了设定时间，烤箱自动停机后，原料便卤制成熟了，捞出来切片或斩块，再放入烤箱用高温快速烤制，即可上桌食用。下文将对烤箱的卤制流程进行讲解。

一 调制卤水

🌸 原料

八角25克　桂皮15克　小茴香20克　甘草10克　山柰10克　甘松5克　花椒20克　干辣椒150克　砂仁10克　草豆蔻5克　草果15克　丁香5克　姜块100克　大葱150克　绍酒100毫升　冰糖500克　食盐350～500克　鲜汤5000毫升　精炼油50毫升　纱布袋1个

🔍 制法

①将八角、桂皮、小茴香、甘草、山柰、甘松、花椒、干辣椒、砂仁、草豆蔻、草果、丁香一并装入纱布袋里，用细绳扎紧袋口，制成香料包。

②把大块的冰糖放在火上烤一下，并轻轻敲碎，再与精炼油一同入锅，开小火炒至深红色时，掺入500毫升沸水搅匀熬制成糖色。

③不锈钢桶置火上，掺入鲜汤，放入姜块、大葱，调入食盐、绍酒和糖

色，再下入香料包，烧沸后，改用小火慢慢熬至香味四溢时，即得新鲜卤水。

🦐 制作关键

烤箱卤水的制作流程与我们在前文中介绍的川式卤水基本一样。在调制新卤水时，为了增加香味和鲜味，可放入鸡骨架、猪皮等原料一起熬制。

二 低温烤卤原料

🦐 原料

猪五花肉750克　猪蹄2只　净兔1只　生姜20克　大葱15克　料酒12毫升
卤水1桶

🔍 制法

①原料前期加工。猪五花肉、猪蹄治净，用专用针具在肉身两面扎上小孔；另将兔肉用生姜、大葱、料酒腌渍去异味，入沸水锅里汆一水后捞出，沥干水分待用。

②入烤箱卤制。将调好味的卤水置火上烧开，放入猪五花肉、猪蹄和兔肉。桶中卤水必须将放入的原料完全淹没，然后将卤水桶送入烤箱中，关上烤箱门，用70～80℃的温度烤卤100～120分钟后，从烤箱里取出卤水桶，捞出卤

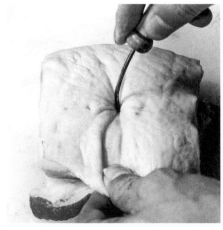
🦐用专用针具在肉皮表面扎眼

🦐将卤制原料放入卤水桶里浸泡

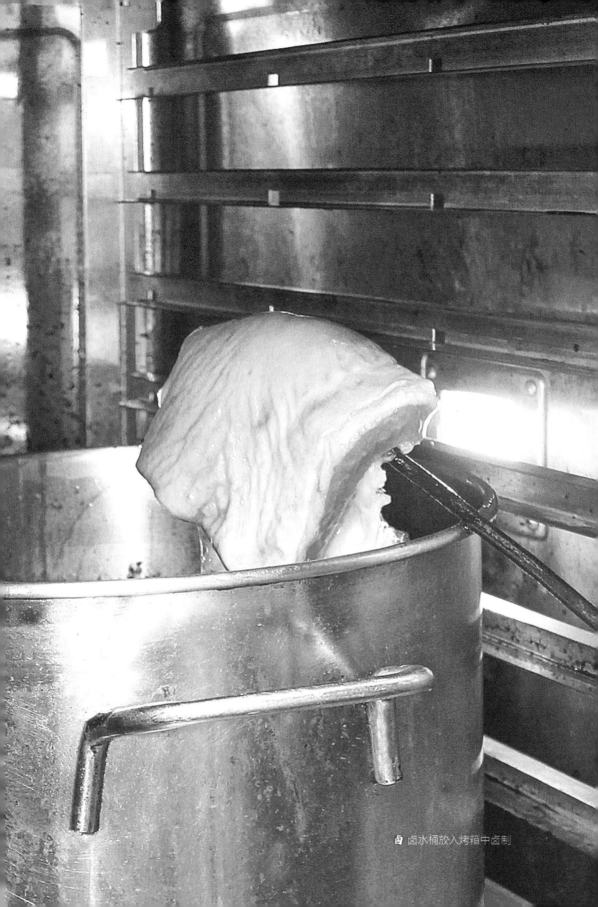
卤水桶放入烤箱中卤制

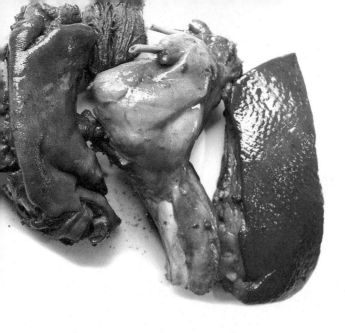

制原料，沥去多余的卤水装盆待用。

③二次烤制成菜。最后把卤好的原料放入烤盘里，再次送入烤箱内，设定至高温，让原料在短时间内烤至表皮干酥后取出，切片或斩块装盘，随配椒盐味碟蘸食。

🐟 制作关键

①在猪五花肉、猪蹄表面扎孔，是为了便于入味；给兔肉码味和汆水是为了除去草腥味。卤水桶中的原料一定要完全浸没在汁水里，否则会导致入味不均。

②入烤箱烤卤时，要根据原料的质地、特性和成菜要求综合考虑烤箱的温度和时间设置，通常做法是采取低温长时烤卤。

③从一定角度上讲，用烤箱制作卤菜比传统方式更有优势。首先，不必担心原料沉底烧煳，也无须翻搅；其次，即便卤制时间或温度有些偏差，也不会因过于熟透而导致原料垮烂、不成形，能够最大限度地保证食材的成形效果；第三，用烤箱低温烤制卤菜，能够锁住动物性原料的肉汁不易外溢，可最大限度地保证食材质嫩、多汁、醇香；第四，烤卤时不必派专人守候，可在午休时卤制，开餐前直接取用。

④不同烤卤食材在烤箱里进行二次烤制的温度和时间，要根据原料质地的不同灵活掌握。一般情况下，卤猪蹄是180～200℃，烤6～8分钟；卤五花肉是180℃，烤6分钟；卤兔肉是180～200℃，烤10分钟。二次烤制的目的，是让卤菜达到外酥脆、内细嫩的成菜效果。另外，烤箱卤菜热吃效果更佳。

捌 热辣鸭卤制作攻略

这里介绍的是一款专门针对卤制鸭头、鸭脖、鸭锁骨、鸭胗等鸭肉系列调制的川式五香麻辣卤水。它是将印度椒的火辣、鲜小米椒的鲜辣与汉源花椒的纯正香麻相结合，再以蔬菜的清香味和香料的五香味助力，麻辣层次丰富，鲜香浓郁。下面将根据具体操作流程依次逐一介绍。

一 食材预处理

将治净的鸭胗（500克），用铁针扎些小孔后入盆，加适量姜片、葱节、食盐和料酒拌匀腌渍约24小时至入味。另把治净后的鸭头、鸭锁骨、鸭脖（各500克）一同入盆，加入适量姜片、葱节、食盐和料酒拌匀腌渍约3小时至入味。

鸭胗洗净后戳小孔

加料码味

鸭头、鸭脖治净

加料码味

说明：由于鸭胗外面包有筋膜，肉质比较紧实，故需用铁针扎些小孔，以便入味。此外，鸭鼻孔内部一定要掏干净，鸭脖外面的淋巴也要彻底去尽。

二 配制香料包

①把香叶15克、白蔻15克、八角10克、丁香5克、桂皮8克、小茴香15克、山奈8克、黄栀子壳15克、罗汉果2个、草果10克、千里香15克、灵香草10克、甘草15克、广香10克一同放入盆中，加入清水将其刚好淹没，再倒入适量白酒搅匀，浸泡30分钟至发涨后捞出冲洗干净，然后投入清水锅中烧开煮1分钟，捞出沥去余水待用。

②把汉源红花椒300克、干印度辣椒500克分别装盆，掺入清水将其刚好淹没，再倒入适量白酒搅匀，浸泡15分钟后分别下入清水锅中煮软，捞出沥去余水。

③净锅入少量色拉油烧热，然后下氽过水的香料，用小火炒干水汽至出香后出锅装盆待用。

④把煮过的干辣椒倒入锅中，用小火略炒片刻，再下煮过的花椒，一同炒干水汽后出锅装盆，并与香料一同装入纱布袋中扎紧袋口，即得香料包。

图 香料入锅氽水

图 加花椒炒干

说明：香料、干辣椒、花椒用清水浸泡发涨的目的是使其回软，便于出味，而加白酒的目的是除异增香。香料、干辣椒、花椒氽水的目的是进一步除去异味，但时间不宜太长，以免香味、辣味、麻味流失太多。香料、干辣椒、花椒一定要下锅炒干水汽，这样更利于激发出味，期间可加少量色拉油同炒。

三 配制蔬菜料包

①净锅入100毫升色拉油烧热，入姜片200克、洋葱块150克爆香，再下香菜节250克、芹菜节250克、葱节200克炒干水汽，出锅装盆后待用。

②另锅入少量色拉油烧热，入鲜小米椒节500克炒至水汽将干、表皮发白时铲出装盆，然后与炒好的蔬菜一同装入纱布袋里扎紧，即得蔬菜料包。

⚙ 油锅下姜、葱、洋葱炒香

⚙ 出锅装盆

⚙ 入锅炒干水汽

⚙ 最后装纱布袋里

说明：各种蔬菜和鲜小米椒必须炒香并炒干水汽，但不能炒煳，目的是增加卤水的蔬菜清香味和鲜辣味。

四 吊制卤料底汤

猪棒子骨2500克敲破，猪肉皮1500克切成块，老母鸡1只（约1500克）治

🔆 猪棒骨土鸡等熬汤捞出

🔆 熬制好的底汤

净，猪龙骨150克砍成块，分别投入沸水锅中氽去血水，捞出洗净后装入不锈钢桶里，再掺入清水30升，下老姜200克、大葱150克、料酒200毫升、胡椒粉15克，开大火烧沸后打去浮沫，再转小火熬约两小时，至汤浓色白时，即得底汤。

　　说明：熬汤加猪肉皮是为了增加汤汁的黏稠度。吊汤的原料一定要先氽去血水，除去部分异味，这样熬出的底汤才更鲜香。

五　炒制糖色

　　把黄栀子100克放入热水盆中，浸泡至出色后捞出，即得黄栀子水。

　　净锅入色拉油100毫升烧热，下冰糖1000克，用小火不停翻炒至糖液起大泡且变红时，将锅端离火口，用余热继续炒至糖液起鱼眼泡，颜色棕红时，再缓缓倒入泡好的黄栀子水，开大火熬5分钟，至颜色充分融合后出锅装盆，即得糖色。

　　说明：黄栀子有提色的作用，先将其放入温水里浸泡出色，再用于调制糖

🔆 黄栀子用热水浸泡

🔆 炒好的糖色

色，可使糖色色泽更好、更稳定。炒制冰糖须小火慢慢加热，必要时可离火降温，防止因火力过大而炒焦煳，导致颜色发黑、发苦。炒糖色的最后一步是烹入黄栀子水，并使其融合均匀，操作时要注意安全，防止因糖液溅出而造成烫伤。如果加冷水，则易造成糖液因温度骤降而凝结成团，从而导致色泽不匀。此外，在给卤水添加糖色时，一般要求新卤水用老糖色（深棕红色），老卤水用嫩糖色（浅红色）。另外，还可根据卤制原料的多少决定用什么糖色，卤制原料多，可用老糖色；卤制原料少，可用嫩糖色。

六 炼制卤水增香油

　　将生鸡油1500克洗净后切成小丁，另将八角60克、白芷80克一起入盆，加入清水将其刚好淹没，倒入白酒60毫升搅匀并浸泡10分钟，捞出洗净待用。

图 锅入少量清水炼制鸡油

　　净锅掺入少量清水，下入生鸡油丁、姜片和葱节，大火烧开后转小火熬至水分蒸发、油渣酥脆时捞出油渣，再放入泡好的八角、白芷，用小火浸炸至出香后出锅装盆，然后淋入白酒60毫升激香，即得卤水增香油。

　　说明：卤水增香油也叫卤水封油，主要起增香的作用。用鸡油有增加鲜味的作用，炼制时，须掺入少量清水，先煮出油脂，再熬干水分，并且全程用小火，这样慢慢熬

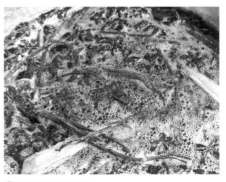
图 冷后即得增香油

出来的化鸡油才足够鲜香，炼制时也不易焦煳。在熬好的化鸡油中添加香料后，也必须用小火慢慢浸炸，这样更利于让香味充分融入到油脂里。最后淋白酒激香，是为了进一步去除鸡油的异味，增加香味。

七 | 熬制卤水并调味

　　往不锈钢桶里倒入10升熬好的卤料底汤，下入香料包和蔬菜料包，再调入食盐400克、胡椒粉60克、鸡精20克、料酒80毫升、糖色400毫升，大火烧开后转小火熬约1小时至出味，即得五香麻辣卤水。

　　说明：熬制卤水时，料包一定要完全浸没于汤汁里，否则出味效果会大大减弱。糖色的用量以卤水色泽表现为棕红最佳，也可根据成菜要求或浓或淡。熬制卤水要求用小火长时间加热，这样出味最充分；如果采用大火，则会造成汤汁快速蒸发，且香味淡、咸味浓。

🔖 倒入糖色

🔖 放入蔬菜包和香料包

八 | 卤制成菜

　　把腌渍好的鸭胗、鸭头、鸭锁骨、鸭脖放入清水锅中，加入少量红曲米，开火汆透后捞出沥尽余水，再下入卤水锅中，倒入增香油750毫升，用小火卤至成熟、入味、上色，捞出沥去卤水，晾凉后改刀装盘，最后淋上少量卤水即成。

　　说明：原料汆水时冷水下锅，更利于除腥去异味。加红曲米有上色作用，因卤菜颜色主要靠糖色调节，所以不宜加得过多，有淡淡的红色即可。卤制时应以小火浸卤为主，严禁火力过大而冲烂原料。卤制时间一般为鸭胗30分钟，鸭头、鸭脖20分钟，鸭锁骨15分钟，如果卤制时间过长，易导致原料软烂、过咸；时间过短，则原料质硬、不入味。

🄯 原料下入加有姜、葱的清水锅

🄯 沥水

🄯 倒入增香油

🄯 卤制成熟

九 卤水保存

待卤好的原料全部出锅后，及时捞出香料包和蔬菜料包，沥去多余的卤水，单独放入冰箱里冷藏保存。然后打尽卤水锅中的残渣，上火烧开，关火静置晾凉，加盖保存。若卤水长期不用，可放冰箱里冷藏，每隔一周烧开一次，继续冷藏保存。

🄯 捞出料包

🄯 烧开静置

玖 新版椒麻鸡 制作攻略

  这里所说的椒麻鸡,并非椒麻拌鸡,是四川地区久负盛名的传统卤菜。通常来讲,椒麻鸡的制作,要经过"选料→初加工→制作香料包→制作卤水→卤鸡→晾干→调蘸汁"这几个步骤。在传统制作方法中,往往比较看重原料的选取及卤水的熬制——因为前者决定了口感,后者则决定了口味。

  我们下文介绍的新版椒麻鸡,在传统制作工艺的基础上,对其中一些环节进行了适当调整:一是将原料由传统的土鸡改为了蛋鸡;二是前期腌鸡时,除了常规操作,在鸡身上涂抹选用调料外,还要往鸡腹内塞入适量的香菜、红花椒、青花椒,待腌渍时间给足以后,可使鸡身内外均衡入味;三是将用于蘸食卤鸡块的蘸汁,由传统的麻辣蘸汁改为了水辣椒蘸汁。

一 主辅料选取及配比

📷 辅料与调料

①主料：选用每只净重为1500克左右的蛋鸡。选用蛋鸡是因为其肉质有嚼劲，且成本相对较低。

②辅料配比：香菜碎50克、红花椒30克、青花椒15克、生姜块50克、葱段50克。生姜洗净、去皮后切片，葱切段，香菜切碎。

③调料配比：食盐60克、胡椒面3克、料酒80毫升。

二 整鸡腌渍步骤

首先将治净的整鸡放入盆中，取一根净铁签，在鸡身上扎一遍，肉厚处可适当多扎几下，这样更利于腌渍入味。接下来将食盐、胡椒面、料酒、姜片、葱段、花椒倒在盆中的鸡身上，并把放入的辅料、调料在鸡身表面揉抹均匀。然后取香菜碎、红花椒、青花椒，一同塞入鸡腹内，用净铁签呈螺旋状锁闭鸡腹（即封口），静置腌渍6小时左右。

图 在鸡身上扎孔

图 在鸡腹内塞入香料

图 腌渍鸡肉

图 锁闭鸡腹

三 | 椒麻香料包制作

①香料包制作原料：八角12克　白蔻10克　草果17克　丁香10克　桂皮20克　砂仁5克　良姜20克　陈皮15克　甘草15克　香叶15克　香茅草5克　食盐450克　胡椒面10克　料酒60毫升　姜块30克　葱段50克

⚫ 香料包制作原料

⚫ 在浸泡香料的盆中加入料酒

⚫ 将汆水后的香料入锅炒干水汽

汆水后滤出

制作好的椒麻香料包

　　说明：此香料配比是按照12.5升卤水的比例进行调配的，一桶卤水可以卤制四五只鸡。

　　②制作流程：取一净盆，依次放入提前配置好的八角、白蔻、草果、丁香、桂皮、砂仁、良姜、陈皮、甘草、香叶、香茅草、汉源红花椒20克，接着往香料盆中倒入适量清水（淹没香料即可），并掺入料酒30毫升，泡制大约半小时，捞出后洗净。

　　将洗净的香料入清水锅里汆一水，倒出沥尽余水后，入净锅里炒干水汽。接着将炒干的香料与花椒，一同装入香料袋中并用细绳扎紧袋口。

四 卤水制作及调味

　　①卤水制作所用到的调辅料及比例为：食盐450克、胡椒面10克、料酒60毫升、姜块30克、葱段50克。

在调好的基础卤水中掺入少许酱油调色

　　②往不锈钢桶里倒入清水12.5升，依次放入食盐、胡椒面、料酒、姜块、葱段，再放入扎好的椒麻香料包，最后掺入少许酱油调色。

　　说明：如果每天都要卤制，那么一个香料包大约可用10天；一旦卤水桶里香味不够，则要及时更换新的香料包。

川味卤水卤菜调制宝典

五 卤制

①锅中入清水烧开，放入腌渍入味的整鸡，打去浮沫。待鸡皮汆烫均匀、紧实后，捞出沥干余水。

②把汆过水的整鸡放入卤水桶里，大火烧开后，改小火卤制50分钟左右关火。

③往卤水桶里先后加入少许乙基麦芽酚（纯香味）、冰糖30克、鸡精50克搅匀，关火并盖上桶盖浸泡40分钟左右，直至鸡肉软熟、入味。

🖼 整鸡入锅汆水

🖼 入卤水中卤制

说明：乙基麦芽酚是一种安全、可靠、用量少、效果显著的食品添加剂，广泛应用于烟草、食品、饮料、果酒等食品的生产过程中。是我国食品增香批准允许使用的食品香料。

六 水辣椒蘸汁的制作

①主辅料配比：菜籽油500毫升、开水700毫升、二荆条辣椒面200克、姜片30克、葱段40克、大蒜60克、香菜40克、白糖30克、味精30克。

②炼制香料油：锅中入菜籽油烧热至200℃，待油温降至160℃时，下葱段、姜片、大蒜片、香菜节炸至出香后捞出，即得到香料油，倒入净盆中待用。

③制作水辣椒：取一净盆，注入适量炼热的香料油，倒入二荆条辣椒面200克，等到油温降至140℃时，掺入开水700毫升（注意避免烫伤），待油温进一步下降后，加入白糖、味精各30克搅匀，静置自然冷却。

炸制葱、姜、蒜及香菜

炼制好的香料油

在香料油中倒入辣椒面

制作好的水辣椒成品

七　卤鸡装盘

①将卤好的整鸡从锅中捞出，摆在筲箕上，先在表面均匀地刷上一层香油（防止其变色），再将其挂起来晾干表面水分，然后放入冰箱保鲜一晚，促使其干香、麻香味充分渗出。

②从冰箱中取出卤鸡，对剖成两半，去尽腹内腌料，将其斩成宽度大体一致的长条，摆入圆盘中。

③在净盆中舀入30克水辣椒，再依次加入香油2毫升、青花椒面0.3克、花生米碎2克、熟芝麻1克，搅匀后盛入小碟内，随装好盘的椒麻卤鸡上桌即成。

在鸡身上刷上香油

拾 传统椒麻鸡 制作攻略

本款椒麻鸡麻辣鲜香，鸡皮呈诱人的棕红色，肉质洁白紧实、细嫩鲜香，鸡肉的本味与蘸汁的椒麻味相互融合，特色鲜明、风味突出。

一 主辅料选取及配比

土鸡10只　香料175克　五香卤水1锅　红油500毫升　香油10毫升　芝麻酱30克　花生酱20克　花椒面15克　食盐10克　味精3克　白糖5克

二 卤制过程

①土鸡治净，敲断鸡腿与鸡爪之间的关节（不能斩断鸡皮）。

②准备好卤鸡所需的八角10克、桂皮10克、山柰10克、草果10克、高良姜10克、香叶20克、橘皮丝10克、小茴香30克、砂仁20克、甘草5克、干青花椒30克，以及洗净的小葱（整葱）180克、带皮的生姜片150克、干辣椒节50克。

③准备两个香料包，在第一个香料包里装入八角、桂皮、山柰、草果、高良姜、香叶；在第二个香料包里装入橘皮丝、小茴香、砂仁、甘草、干青

图 治净的土鸡生坯

图 配备香料，制作香料包

🈺 鸡头朝下浸入卤水

🈺 卤制过程中，用不锈钢扎子扎小孔

花椒粒。

④等到锅里的五香卤水烧至微开时，将鸡头朝下浸入卤水中，让卤水刚好淹没至鸡小腿处。待锅中的鸡生坯全都浸泡到位后，往锅里放入两个香料包，然后放入小葱、生姜片、干辣椒节。待锅中卤水冒出小泡并散发出浓郁的香味时，舀起卤汁浇淋在鸡大腿上。在卤制过程中，须用不锈钢扎子在鸡身肉厚处扎上小孔，再将鸡身继续浸泡在卤水里，以促使鸡身充分入味。卤制约40分钟后，调整鸡身位置，使鸡头朝上，鸡脚朝下，继续浸入卤水中卤制约10分钟至整鸡熟软后捞出。

🈺 卤制

⑤将卤鸡放在筲箕里沥去多余的卤汁，再放入盘中晾凉。在此过程中，可用柔软的毛刷蘸取香油，均匀地涂抹在鸡身表面，这样做，既能使鸡身柔润，又能起到增香、亮油的作用。

🈺 蘸取香油涂抹鸡身

图 在自制红油中放入芝麻酱、花生酱

图 放入熟芝麻增香

①取一净盆，放入芝麻酱、花生酱、花椒面、香油、食盐、味精、白糖调匀，再放入自制香料红油（至少提前一周炼制并存放好，经过数天的沉淀和发酵后，自制香料红油的香味方能更加浓郁）和炒熟的芝麻（以能浮在红油面上为佳），搅拌均匀后即为香辣蘸汁。

②将卤鸡斩成均匀的小块，拌入调制好的椒麻鸡香辣蘸汁即成。

拾壹 经典甜皮鸭制作攻略

　　甜皮鸭，也称"嘉州甜皮鸭"，是四川省乐山市的一道著名美食。据说甜皮鸭起源于乐山市夹江县木城古镇，在民国早期，其前身还是采用传统卤制手段制作的卤鸭子，只不过在卤水里多加了一味甘草，让鸭肉吃起来回味带甜。目前流行的甜皮鸭，大致是从20世纪七八十年代，由当地的传统卤鸭子演变而来。所以，乐山当地人最初还习惯直接称之为"卤鸭子"，到后来，才慢慢改称为"油烫甜皮鸭"。

　　甜皮鸭的做法，有些类似于清朝御膳工艺中的"油烫鸭"，具有色泽棕红、皮酥略甜、肉质细嫩、香气宜人的特点。通常来说，一只甜皮鸭的华丽转身，要经过"初加工→炒糖色→卤制→炸制→挂糖"这五道工序，才能完整呈现在食客的面前。其制作难点在于浸炸、油温和时间必须掌控得恰到好处。下面我们将对甜皮鸭的制作流程进行逐步讲解。

一　主辅料选取及配比

　　土仔鸭1400克　胡萝卜片50克　洋葱块50克　香菜30克　大葱节50克　姜片30克　胡椒粉5克　料酒20毫升　白砂糖100克　食盐50克　花椒10克　香叶5克　八角5克　桂皮3克　小茴香10克　丁香2克　草果3克　砂仁3克　草豆蔻2克　甘草1克　脆皮水200毫升　五香卤水1锅　熟菜油2000毫升

二　开生及腌渍

　　将土仔鸭宰杀后去毛，在后腹部横开一道约6厘米长的口子，掏出内脏，洗净后用花椒、食盐、料酒、胡椒粉抹匀鸭身内外，再往鸭腹内塞入大葱节、姜片腌渍5~6小时。

🅺 用花椒、食盐、料酒、胡椒粉抹匀鸭身

🅺 鸭腹内塞入大葱节、姜片

三 炒糖汁、制作蔬菜料和香料包

①炒锅置火上，放入适量清水烧沸，下入白砂糖（冰糖亦可）炒至完全融化、变色，立即掺入适量开水搅匀，转小火熬至色泽金黄、质地浓稠时即得糖汁。

②将洋葱块、胡萝卜片、香菜、大葱节、姜片入油锅中炸干，沥油后包入纱布袋中。将香叶、八角、桂皮、小茴香、丁香、草果、砂仁、草豆蔻、甘草洗净后包入另一个纱布袋中。

🅺 炒糖汁

四 卤制、炸制

①将腌渍好的鸭子入沸水汆去血水后捞入卤水中，再放入香料包和蔬菜包，先大火烧开，后转小火，卤约40分钟至鸭肉入味后捞出沥干卤水。

②先将卤熟的鸭子挂匀脆皮水，再挂匀糖汁。锅中入油烧至六七成热，用炒勺慢慢将热油舀起浇淋在鸭身上，待鸭皮变色，油温降至四五成热后，继续淋油至鸭皮呈色棕红、质酥脆，沥油待用。

⑨ 卤制腌渍好的鸭子

⑩ 挂糖汁

⑪ 淋油

⑫ 复挂糖汁

③复挂糖汁。将炸好的鸭子挂匀糖汁，挂在架子上晾一会儿，至糖汁不再下滴后斩块装盘即成。

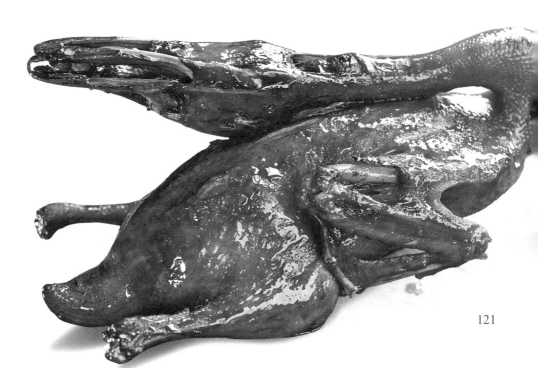

拾贰 卤浸小龙虾制作攻略

这道卤浸小龙虾，是把淮扬菜的泡泥螺、粤菜的醉花蟹及川菜的泡山椒凤爪有机结合的产物。将小龙虾放入由香料辣椒、南乳汁、海鲜酱和蚝油所组成的特色复合味汁中浸泡入味，一改味重热食的传统风潮，使其成为一道清爽的凉菜。

一 主辅料选取及配比

小龙虾5000克　大蒜瓣500克　宴会鲜味汁10瓶（约5升）　福建魔鬼辣椒面100克　白糖2500克　南乳汁半瓶（约220克）　海鲜酱2瓶（约500克）　白酒50毫升　花雕酒2瓶（约1升）　生抽200毫升　陈醋200毫升　蚝油250克　野山椒节200克　野山椒水300毫升　干辣椒节30克　姜块100克　香葱节100克　香菜50克　食盐50克　料酒30毫升　味精10克　八角10克　香叶15克　桂皮15克

二 原料初加工

小龙虾洗净，扯去沙线后从背部开一刀，再次洗净后投入加有姜块、香葱节和料酒的清水锅中，先用大火煮沸，再转小火微沸浸煮5分钟至熟透，捞出沥水后摊开自然晾凉。

三 调怪味汁水

取一不锈钢大盆，倒入宴会鲜味汁，放入八角、干辣椒节、香叶、香菜、大蒜瓣、福建魔鬼辣椒面和白糖，再依次加入南乳汁、海鲜酱、白酒、生抽、花雕酒、陈醋、蚝油、野山椒节，掺入野山椒水和纯净水2500毫升搅拌均匀。然后加入桂皮、姜块、香葱节，调入食盐和味精，即得怪味汁水。

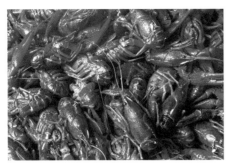

　煮熟的小龙虾

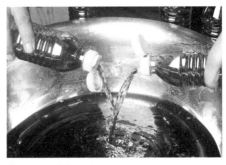

　倒入宴会鲜味汁

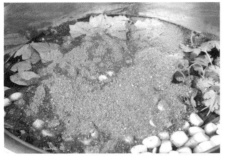

　放大蒜瓣、福建魔鬼辣椒面

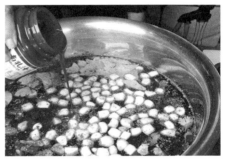

　放入南乳汁

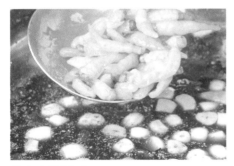

　加入野山椒节

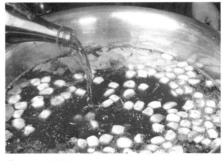

　放入花雕酒

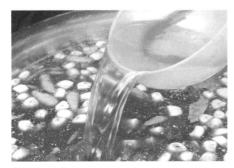

　倒入纯净水

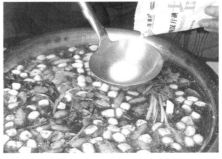

　加入食盐

⬚ 舀入味汁

⬚ 浸泡入味

取一食品塑料箱，将煮熟的小龙虾逐一放入，层层码好，接着舀入怪味汁水将其淹没，然后放上不锈钢托盘，并加重物压实，再送入冰箱冷藏浸泡16~18小时至入味后捞出，装入垫有碎冰的盘里即成。

第四讲

现卤现捞的制作

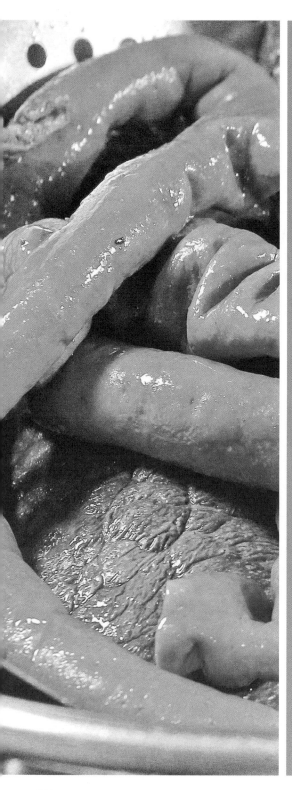

从2015年开始，在成都市区的街头巷尾，陆陆续续出现了一种有别于传统售卖方式的卤菜经营模式——现卤现捞，简称「现捞」。几年过去，当下从事这类现捞的经营商家越来越多，数量快速攀升，完全呈现出爆发式增长的势头，而且大多生意不错，有些人气兴旺的门店，甚至还出现了排队购买的景象。那么，现捞的源头在哪里？它是怎样流行起来的呢？其卤制方式有什么特色，经营有什么亮点，生存状况及市场前景又如何呢？下面我们将一一道来。

126

壹 现卤现捞的前世今生

现卤现捞这种卤菜经营方式的前世，主要有两种说法。

第一种说法是源于乡镇。以前在农村，每逢赶场天，乡镇上的餐馆、茶馆、小商品店的生意都不错。特别是一些场镇上的小酒馆，赶场后的人们吃着卤菜、喝着小酒、摆着龙门阵，店中的卤菜一般都是根据当天的客流量现卤现捞，用筲箕装着，有的还冒着卤香的热气，就被切成丝、切成片、砍成块端上餐桌了。

不过，由于这种卤菜的卤制时间不长，又省略了关火浸泡的步骤，故入味不深，在食用的时候，还需淋入一些热卤水拌匀，使之进一步入味，或蘸取辣椒面用于补充调味。当时的乡镇，只要是赶场天，来自十里八乡的人们都乐于相聚于此，或买或卖，或聚亲会友，所以餐馆的生意特别好，而闲场天人少，餐馆生意差，故卤菜需当天卤制并售完。这就是现卤现捞的雏形。

第二种说法是源于湖北武汉的卤鸭脖。其证据是现卤现捞的菜品以卤鸭脖卖得比较好，卤水风味以辣卤为主，再加上鸭脖骨多肉薄，最适合现场短时间卤制，并且不能浸泡过久，否则味道会偏咸。因此，这一理由也被当成现卤现捞的起源之一。

现卤现捞这种卤菜制售方式之所以能够在成都地区流行，既有必然性，也有偶然性。以前，卖卤菜的都是把原料卤好以后用大筲箕或不锈钢盘装好，再摆在店里或摊点上售卖。为了让顾客有更多的选择余地，或让顾客形成本店的卤菜味道和生意都很好的印象，多数商家会采用"货卖堆山"的经营策略，即把卤菜的品种和数量做得比较多。不过，这样很容易因生意不佳、口岸不好等因素而导致滞销，如果第二天经过回卤再拿来售卖，不管是颜色还是味道都会大打折

扣，这就为现捞卤菜这种近似于明档透明厨房的操作模式创造了流行的条件。

当然，现卤现捞能够在成都餐饮市场上流行，还具备了时机成熟的客观条件。多年前，以达州油卤为代表的麻辣卤菜曾进军成都餐饮市场，刚开始的时候还弄出了一些动静，但后来渐渐归于平淡。由于现卤现捞菜品多以辣卤为主，这一点与达州油卤的口感很接近，从而为现卤现捞的流行起到了味道铺垫的作用。虽然油卤菜肴在成都还有一定的市场，有的做得也还不错，但远远不及现卤现捞那样火爆。就制售模式而言，现卤现捞除了能给顾客带来现场制作的透明度和安全感以外，味道并不亚于传统卤菜，同时还具有能被人们普遍接受的辣卤风味，由此看来，现卤现捞生意的火爆就有源可循了。

一 现卤现捞的三大风味卤水

现卤现捞卤菜多为辣卤，有的店甚至拥有辣卤的麻辣味、五香卤的五香味、酱卤的酱香味这三大特色风味，其中最受欢迎的是麻辣味。虽然现捞卤菜与达州油卤同为麻辣味，但达州油卤的油脂含量很高，超过整个卤水的2/3，吃起来让人感觉比较油闷，因此，成都人普遍不太适应这种口味，这也是达州油卤难以流行，而现卤现捞却得以火爆的原因之一。

这里我们可以把油卤水与现捞卤水进行一番比较。油卤水一般要对底料予以炒制，也就是要把香料粉、糍粑辣椒、泡辣椒、豆瓣酱等放入加有大量油脂的锅里炒香出味，再掺入少量骨汤进一步熬制，主要突出灵香草的味道和淡淡的当归味。现捞卤水是往骨汤里加香料、花椒、干辣椒和少量油脂熬制而成，干辣椒一般采用贵州的二荆条辣椒和七星椒、印度魔鬼椒等，卤水颜色则主要用黄栀子、姜黄、干辣椒等天然原料加以提色。

下面，我们将给大家讲一讲现卤现捞卤水所用的基本香料，以及按照卤水递进关系分别介绍五香卤水、辣卤水、酱卤水这几种味型。

一旦提到卤水调制的基本香料，有的店家或卤菜师傅为了增加秘而不宣的神秘感，往往都会夸大其词地说，自己调制的卤水要用到几十上百种香料。其实，调制现卤现捞卤水，一般都只用五种主要香料，再配置一些辅助香料即可。其中，主香料为八角、丁香、桂皮、小茴香、山柰；辅助香料为草果、香叶、香果、香茅草等。通常来讲，辅助香料的用量是主香料的一半。

五香卤水

把主香料、辅助香料、姜块、葱节、料酒、花椒（去腥除异）、黄栀子（提色）一并放入骨汤锅里，用中小火熬出香味，再加食盐、味精、鸡精和白糖调好口味。这种现捞卤水与传统卤水的区别不大，只不过用黄栀子代替糖色来调色，有点儿类似于本色鲜卤的模式。五香卤水一般用于卤制猪耳、鹅肉、猪头、牛肉、猪排骨、猪肝、猪肥肠等食材。成品味道鲜香，有淡淡的五香味，重在突出食材的本味，食用时可配辣椒面味碟蘸食。

辣卤水

准确地说，辣卤水应当称为麻辣卤水，是在五香卤水的基础上加入大量花椒、干辣椒，以及适量油脂熬制而成。辣卤水一般用于卤制鸭脖、小龙虾、锁骨、鸭头、兔头、猪蹄等荤菜，以及海带、土豆、笋子、莲藕、豆皮、豆筋等素菜。成品麻辣鲜香，回味有淡淡的香料味，本味突出，特别受年轻人的追捧。

酱卤水

酱卤水的特点是在辣卤水的基础上加入特制酱料而成。其具体做法是把黄豆酱、排骨酱、甜面酱、香料粉一同放入热油锅中，用小火慢炒约40分钟，再掺入辣卤水熬制而成，卤水与酱料的比例以5:1为好。适合卤制鱿鱼须、花甲等海鲜品，以及鸭心、鸭肝等腥异味较大的荤料。

现卤现捞中还有一种川味泡菜卤水，主要用于卤制腥异味较重的海鲜品，如花甲、鱿鱼、八爪鱼等。它是把泡菜、泡小米椒、泡姜、酸萝卜、花椒和香料粉放入加有化鸡油和色拉油的锅里炒香（化鸡油与色拉油的比例大致为1:2），再掺入骨汤，调入食盐、味精、鸡精、胡椒粉和白糖熬制而成。这款川味泡菜卤水主要是利用泡菜去腥开胃的作用，不过市面上比较少见。

首先，为了满足现捞卤菜快速成菜的要求，所以，现卤现捞适合卤制容易成熟和入味的原料，如鸭头、鸭脖、鸡爪、鸡尖、鸡翅、鸭脚等；而某些不易成熟、入味的原料，则须改刀成较小的形状，如牛肉、猪肥肠、猪蹄（划破）、土豆片、笋丝等。

其次，现卤现捞应将荤素原料分开卤制，某些腥异味较重的原料必须单独卤制，以免与其他原料串味。通常来讲，荤料卤好以后，应关火让食材在卤水里浸泡三四十分钟，再捞出来沥水装盘，并淋上一些卤油使其继续渗透入味。而某些特殊原料，则必须采用单独炼制的香料油加以浸泡，以强化不一样的风味特色，如现捞小龙虾，当把小龙虾卤熟并关火浸泡至具备基本味以后，捞出来还要用特制的香辣油、麻辣油、十三香油等香料油进一步浸泡入味，从而表现出现捞小龙虾与众不同的卤制风味。另外，在卤制鸭头时，可把鸭嘴掰开放入数粒花椒，以便入味更深，然后放入掺有辣卤水的高压锅里压制5分钟，再离火浸泡1小时便好。这种经过高压锅加工后的鸭头，既入味，又不易碎烂。

再次，每天卤完原料后，都应将卤水烧开后再保存，以免变质。第二天卤制前，应对卤水进行再次加料调味，以保证卤水味道长期一致，添加原料主要为食盐、味精、鸡精、白糖、花椒、干辣椒、香料等。如果剩余的少量卤菜没有卖完，只需放入现捞卤水锅里焖热即可，不可烧开煮制。

贰 香料与辣椒在现卤现捞中的应用

香料在烹饪中的应用非常广，除了制作卤水外，还可用在烧菜、炼红油、炒制火锅底料当中。家庭做泡菜，也可加入适量的香叶、八角、白蔻、干辣椒等。下文将针对常用香料的鉴别要点、运用原则，以及不同辣椒品种在现卤现捞卤水中的应用进行讲解。

一 香料小知识

在购买香料时，要做到"一看二闻"。一看——看香料颜色，颜色不正常（尤其是发霉），就不能买；看品相，比如桂皮的大小、厚薄、颜色深浅是否一致；看果实类香料，要关注其饱满度，还要看有没有杂质、虫蛀等。二闻——闻香料的香味，如香味浓烈就可以买（油性香料同时还要看其油性含量是否充足）。这里支一个小妙招，无论什么香料，用手抓一把握紧后，放下香料，闻手心，如果手心里的味道仍然浓烈就是好香料，如果没有什么味，那么就是次品香料，或者是存放过久的香料。

香料在卤水调制中的使用，应把握好几个基本原则。

第一，要注意分量，用量一定要控制在合理的范围内，过多过少都会影响到卤制菜品的品质。比如以常用的八角为例，如果用量过大，会导致卤制食材发苦、发黑，并伴有刺鼻的香味。这是因为八角香味浓烈，容易压住食材的本味，所以用量不能过多。其他香料也是如此。

第二，要注意不同香料的合理搭配及比例。香料的搭配很重要，如果配搭比例不合理的话，那么制作出来的卤水不但香味不协调，甚至还会出现或浓或淡的药味。

第三，要对香料进行预处理后再使用。比如有的香料使用前要用清水浸泡、焯水、炒制等，以去除其部分药味。另外，在制作卤水时，最好将香料用纱布袋装好，并扎紧袋口。

二 不同辣椒的特点与用途

①二荆条辣椒。主产于成都双流牧马山周边，以及西昌、资阳、遂宁等地。外观瘦长，是制作郫县豆瓣的主要原料，还可用以炼制红油，炒制串串香底料。口味柔和，椒香浓烈，成色效果一般。

②线辣椒。主产于西北地区，外观与二荆条相仿，成熟后表面有不规则的凹凸纹路，晒干后表皮皱缩，通常称为皱皮椒。多用于火锅、串串香底料炒制。辣味较轻，香气突出，红色素含量适中。

③小米椒。主产于云南建水县，长约3厘米，产量高，价格低。多用于辣味重的复合调味品中，以及火锅、串串香、辣卤等的锅底制作。辣味较重，香气不突出，增色效果一般。

④七星椒。以四川威远县的出产较为有名，成熟品皮薄肉厚，呈味物质含量高，市场价格高。适用于炼红油，用以调制卤水，回味悠长、辣味醇厚、香气浓郁，红色素含量高。

⑤新一代辣椒。主产于河南、河北等地，是朝天椒的一种，长约3厘米，颜色红亮，是用量较大的辣椒干制品。多用于蘸碟、火锅底料、串串香底料制作。椒香浓郁、颜色红亮。

⑥子弹头。主产于贵州遵义、织金等地，因其外形酷似子弹而得名。多用

于火锅、串串香底料制作。辣度中等，香气较弱，红色素含量偏低。

⑦七寸厚皮椒。主产于甘肃、新疆等地，成熟品长约15厘米左右，肉质厚，干制后与线辣椒一样表皮皱缩，价格较高。多用以制作干蘸料。辣度偏低、香味浓郁、颜色红亮。

⑧铁皮椒。主产于新疆，外观扁长，多用于炒制火锅底料等。甜度大，辣度轻，香味中等，红色素含量较高，增色效果明显。

⑨托县红辣椒。主产于内蒙古托县，成熟品肉质厚，是当地地理标志性产品。多用于炼红油、炒制火锅底料、制作干蘸料等。辣度小，香味浓郁，红色素含量高，颜色艳丽。

🌶 不同种类的辣椒

⑩印度魔鬼椒。主产于印度，又名断魂椒，刚入口时辣味没那么强烈，但稍后辣味越来越强烈，甚至让人涕泪横流。多用于火锅、串串香底料炒制。辣味浓厚、香味中等，成色效果好。

三 现卤现捞应用实例之一：卤肥肠、卤猪肝

❶ 肥肠的清洗与除味

🔥 清洗原料

鲜肥肠3000克　面粉50克　香醋20毫升　食盐15克　大葱30克　老姜30克

🔍 清洗步骤

①肥肠入盆，加入以上清洗原料搓匀，静置30分钟后，用清水冲洗至肥肠不粘手，水质不浑浊即可。

②把清洗干净的肥肠从里往外翻出，撕掉肠油，再次清洗干净。最后将肥肠翻回原样备用。

说明：醋能起到去除异味的作用，食盐、面粉能有效去除肥肠的黏液。要顺着一个方向撕掉肠油，避免撕破肥肠。

🅑 清洗肥肠

❷ 猪肝的清洗及码味

🥢 码味原料 |

猪肝1500克　胡椒面3克　食盐15克　料酒30毫升　生姜30克　大葱30克

🔍 清洗步骤 |

①将猪肝用铁钎戳上小孔，用清水浸泡1小时左右，至无血水后捞出。

②将猪肝加入适量食盐、料酒、胡椒面、生姜、大葱码匀，静置6小时左右，捞出洗净备用。

❸ 肥肠、猪肝汆水与上色

①锅内注入清水，加入适量红曲米粉，大火烧开后调为中火，熬出颜色。

②放入猪肝，大火烧开后打去浮沫，汆至表面呈浅红色时捞出，晾干水分，然后放入肥肠汆水，同样至上色后捞出，晾干水分备用。

❹ 熬制高汤

🥢 原料 |

猪棒子骨1000克　鸡骨架2500克　猪皮1000克

🔍 制法 |

往不锈钢桶里加入适量清水，放入提前汆过水的猪棒子骨、鸡骨架、猪皮，大火烧开后打去浮沫，调为中火熬制3小时，再改小火熬制2小时左右，至骨肉脱离，即得高汤。

❺ 炒制辣椒与花椒

把干小米椒50克和汉源红花椒50克用清水浸泡后倒出沥水，再入净锅炒干水汽，加入少许色拉油炒香，起锅倒入盆里待用。

说明：干辣椒、花椒不用装袋，到时候直接加入卤水桶里。

📷 炒花椒、辣椒

❻ 配制香料包

🍲 原料

小茴香10克　千里香10克　砂仁10克　红蔻5克　山奈10克　白蔻5克　黄栀子（去籽）5克　桂皮5克　良姜10克　甘松5克　香叶5克　罗汉果1个　甘草5克　香菜籽8克　陈皮10克　色拉油100毫升　白酒适量

🔍 制法

①香料纳盆，倒入适量清水淹没，再加入适量白酒浸泡约3分钟，捞出冲洗后沥水。

②锅内入适量清水，大火烧开后倒入香料，汆水30秒左右，捞出后再次冲洗、沥水。

③净锅烧热，倒入香料，用小火炒干水汽，再加入适量色拉油炒香，然后倒入盆里稍晾，最后装入纱布袋，扎紧袋口备用。

📷 炒香料

📷 配制香料包

⑦ 配制蔬菜包

🌿 原料丨

老姜100克　大葱100克　洋葱100克　香菜100克　色拉油300毫升

📷 炒蔬菜

🔍 制法丨

锅烧热，加入色拉油100毫升，待油温升至120℃左右时，倒入蔬菜炒干水汽，然后调为小火，继续炒至蔬菜微黄、微干，关火后倒入剩余的色拉油，利用锅内的余热炒匀，出锅后倒入盆里，再装入纱布袋中，扎紧袋口备用。

📷 把炒好的蔬菜装入纱布袋中

⑧ 炒制糖色

🌿 原料丨

冰糖300克　色拉油20毫升

🔍 制法丨

炒锅烧热，加入冰糖、色拉油，用中火炒至冰糖溶化，再继续炒至糖色由白变黄，糖汁冒出鱼眼泡时，将锅端离火口（否则糖汁会变焦、发

📷 炒制糖色

苦），用余温将糖汁炒至棕红色和出大泡时，加入开水120毫升（从锅边倒入，避免烫伤），用小火继续炒至糖水充分融合在一起，即得糖色。

⑨ 调制卤水

🌿 原料丨

鲜汤7.5升　料酒15毫升　糖色200毫升　食盐190克　鸡精50克　味精50克　香料包1个　蔬菜包1个

🔍 加入香料包、蔬菜包

🔍 加入食盐、料酒、糖色

🔍 制法 |

①往不锈钢桶里加入提前熬好的
鲜汤，再依次加入食盐、料酒、糖色
搅匀，然后放入香料包、蔬菜包。

②先用大火烧开，然后转中火
熬煮2小时，再改小火熬煮1小时。

③将汆过水的肥肠入锅中卤制15
分钟左右，再加入猪肝继续卤制35

🔍 卤制

分钟左右，至原料熟软后关火，加入鸡精、味精，捞出晾冷，改刀装盘即成。

🔍 卤制好的成品

❶ 配制香料包

🍒 原料

　　山柰10克　丁香3克　茴香10克　千里香15克　砂仁5克　白蔻8克　黄栀子（去籽）10克　烟桂5克　良姜10克　香叶10克　香茅草5克　草果10克　罗汉果1个　八角10克

🔍 制法

　　①将以上香料入盆中加清水淹没，再加适量白酒，拌匀后浸泡30分钟左右。

　　②锅里入适量清水，烧开后倒入泡过的香料，汆水后捞出沥水。

　　③净锅烧热，倒入沥水后的香料炒干水汽，再加入适量色拉油炒出香味，倒入盆里晾冷后装入纱布袋中做成香料包。

❷ 熬制鲜汤

🍒 原料

　　猪棒子骨750克　鸡骨架2500克　猪皮1000克　生姜50克　大葱50克　胡椒面5克　料酒30毫升

🔍 制法

　　①往锅中加入前期处理好的猪棒子骨、鸡骨架、猪皮，大火烧开后打净浮沫，捞出洗净。

　　②往不锈钢桶里加入适量清水，再放入汆过水的猪棒子骨、鸡骨架、猪皮，大火烧开后打去浮沫，加入生姜、大葱、胡椒面、料酒，转中火熬制2小时，再改小火熬制1小时，至骨肉分离，即得高汤。

❸ 炒制糖色

🍒 原料

　　冰糖500克　色拉油50毫升

🔍 浸泡香料

🔍 将泡过的香料汆水

🔍 装入纱布袋中做成香料包

🔍 熬制好的鲜汤

🔍 炒制糖色

🔍 炒好的糖色

🔍 制法 |

　　炒锅烧热，加入冰糖、色拉油，用中火炒至冰糖溶化，再继续炒至糖色由白变黄，糖汁冒出鱼眼泡时，将锅端离火口（否则糖汁会变焦、发苦），用余温将糖汁炒至棕红色和出大泡时，加入开水200毫升（从锅边倒入，避免烫伤），用小火继续炒至糖水充分融合在一起，即得糖色。

⑱ 增香封油原料

⑲ 炒制增香蔬菜

⑳ 加入糖色

㉑ 加入调料

㉒ 加入香料包

㉓ 加入料酒

㉔ 加入干辣椒

㉕ 加入增香油

④ 制作增香封油

🍲 原料 |

芹菜100克　香菜100克　洋葱50克　老姜100克　大蒜150克　鲜小米椒50克　大葱50克　干二荆条辣椒30克　香叶5克　白蔻5克　色拉油1500毫升

🔍 制法 |

锅内倒入色拉油，放入各种蔬菜，用中火炒干蔬菜水分，关火后捞出，再将香叶、白蔻倒入油锅中。

⑤ 熬制现捞辣卤水

🍲 原料 |

鲜汤7.5升　食盐190克　胡椒面5克　料酒50毫升　老抽10毫升　糖色180克　鸡精50克　增香油500毫升　干二荆条辣椒100克　花椒25克　香料包1个

🔍 制法 |

取熬好的鲜汤，加入食盐、胡椒面、料酒、老抽、糖色、鸡精、增香油，放入香料包，大火烧开后调为中火，熬制30分钟后，加入干辣椒、花椒熬出香味，即得辣卤水。

说明：干辣椒、花椒需单独加料酒、清水泡制，然后氽水，待炒干水汽后直接放入卤水里。

⑥ 卤制荤素原料

①锅内掺清水，加入适量红曲米粉，大火烧开，再调为中火，熬出颜色

📷 用红曲米粉上色

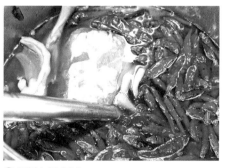
📷 原料入锅卤制

📷 卤制好的荤菜

📷 卤制好的素菜

后，倒入治净的鸭翅膀、鸡爪、鸭脚，汆水上色后捞出洗净，沥干水分。

②在辣卤水锅里放入鸭脚，大火烧开后调为中火，卤制约10分钟，接着下鸭翅膀卤制10分钟，再下鸡爪卤制5分钟，关火后加入鸡精50克，闷15分钟，至原料熟软后捞出，刷上增香油。最后放入各种素菜卤数分钟至熟便可。

第五讲

卤菜干碟蘸粉的配制

绝大多数情况下，卤菜都是在卤好后直接食用，如果把卤菜蘸裹上不同风味的干粉料（又称干碟蘸粉）后食用，那么，在原有卤味的基础上，又会增添另外一番别样的口味体验。下面，我们将给大家介绍几款简便易做且风味不同的干碟蘸粉。

黑芝麻蒜香干碟蘸粉

🌸 原料

大蒜200克　熟黑芝麻40克　食盐10克　味精5克　胡椒粉3克　色拉油适量

🔍 制法

①大蒜去皮后剁成末，用清水洗两遍，沥干水分后，放入六成热的油锅中炸至色黄后捞出，沥去余油。

②将熟黑芝麻和油炸蒜末一同放入搅拌机中打成细粉。

③食盐入热锅炒至发烫后盛入容器，再加入黑芝麻大蒜粉、胡椒粉和味精拌匀即成。

🐟 制作关键

蒜末必须用清水洗去黏液，再油炸至金黄色。食盐应炒至滚烫后才能与其他调料拌匀。此味碟主要突出蒜香味，并用黑芝麻增香、味精提鲜、食盐定味。

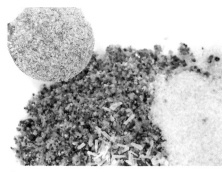

🍲 黑芝麻蒜香干碟蘸粉

—— 香菜蛋酥干碟蘸粉 ——

🌸 原料

香菜100克　辣椒粉25克　白糖25克　鸡蛋2个　面粉50克　淀粉50克　熟白芝麻粉25克　色拉油、食盐、味精各适量

🔍 制法

①香菜择洗干净后沥干水分；辣椒粉用小火炒出香味；鸡蛋去壳入碗，加入面粉、淀粉、食盐、色拉油30毫升和适量清水调成糊状。

②锅中放色拉油烧至六成热，将香菜均匀挂糊，入热油锅中炸至色金黄、质酥脆时捞出沥油。

③将晾冷后的油炸香菜剁碎，再擀成细粉，最后加入辣椒粉、白糖、熟白芝麻粉和味精拌匀即成。

🍲 香菜蛋酥干碟蘸粉

🌰 制作关键

辣椒粉和白糖的用量，以成品刚表现出辣味和甜味为佳。油炸香菜时，应先用低油温炸干水分，再用高油温复炸至色黄、质脆，更利于制成粉末。严格控制好火候，千万不要将挂糊香菜炸煳。

🔅 飘香干碟蘸粉

——— 飘香干碟蘸粉 ———

🌸 原料 |

白芝麻100克　油炸花生米100克　孜然粉75克　干朝天辣椒50克　五香粉
5克　食盐、味精各适量

🔍 制法 |

①先将干朝天辣椒放入烧热的净锅内用小火焙干至焦，再将白芝麻另入烧
热的净锅内用小火炒至色黄、出香；油炸花生米搓去表层红衣。

②将干辣椒、熟白芝麻和花生米一同放入搅拌机里打成细粉，再加入孜然
粉、五香粉、食盐和味精拌匀即成。

🌧 制作关键 |

控制好火候，千万不能因火大而将干辣椒和白芝麻炒煳。

孜然辣味干碟蘸粉

🌰 原料 |

孜然粉50克　干朝天辣椒25克　白芝麻25克　食盐5克

🔍 制法 |

①净锅烧热，放入干朝天辣椒，用小火慢焙成褐红色后铲出晾冷，再用刀剁成碎末。

②将白芝麻、食盐放入干燥的锅中，用中火炒至色黄、出香后铲出，再加入孜然粉、辣椒末拌匀即成。

🍶 制作关键 |

控制好火候，辣椒不能焙煳，否则会产生苦味。此款干碟蘸粉宜密封干燥保存，以免受潮。

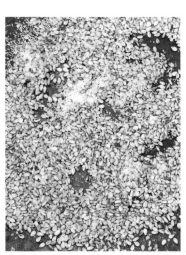

🈺 孜然辣味干碟蘸粉

第六讲

至味卤菜烹饪实例

风味卤水拼

这道卤菜是在四川达州油卤的基础上改良而来，口感稍辣，但不那么油腻。其中的豆笋和豆腐干极具达州特色，将豆腐干穿在竹签上，也是达州地区的售卖形式。整道菜荤素搭配，五香味浓郁，是佐酒佳肴。

🍖 原料

牛腱肉50克　鸭胗50克　龙须笋50克　豆笋50克　鲜海带50克　豆干30克干辣椒面10克　红卤水1500毫升　葱叶30克　生姜20克　料酒20毫升　食盐20克

🔍 制法

①牛腱肉、鸭胗清洗干净，加入食盐、葱叶、料酒和生姜码味8小时，再入沸水中汆去血污。

②龙须笋用开水略煮片刻，再浸泡8小时，然后用清水反复冲洗几次；鲜海带用清水冲洗干净；豆笋用清水浸泡至吸透水分。

③将上述原料按照各自不同的特点，分门别类放入川式红卤水中卤熟至入味，再浸泡两小时后捞出，晾干后改刀装盘，撒上干辣椒面即成。

🪼 制作关键

将水煮后的龙须笋用清水反复冲洗，是为了去掉多余的盐分。

近年来，将花椒作为风味调料用于制作花椒卤水，在川菜行业中颇为流行，如花椒乳鸽、花椒卤鸭等。用花椒卤水卤制猪手，同样别具风味。

🌸 原料 |

猪手2根（约650克） 青椒粒80克 红椒粒80克 花椒卤水1锅 芹菜粒20克 洋葱粒20克 花椒10克 色拉油500毫升

🔍 制法 |

①猪手洗净，用火枪炙皮后刮洗干净，先对剖成两半，再砍成大块，汆水后洗净；另将花椒过油、炸酥待用。

②花椒卤水烧开，放入猪手卤制1个小时，关火浸泡20分钟后捞出。

③锅中下色拉油烧至六成热，将猪手入锅炸至表皮酥脆后捞出。先在盘中放上炸烫的鹅卵石，再铺上炒香的青椒粒、红椒粒、芹菜粒、洋葱粒，摆上猪手块，撒上炸酥的花椒，稍加装饰即成。

🦪 制作关键 |

花椒卤水是用炒香的花椒加入红曲米、白芷、灵香草、排草、香果、八角、陈皮、桂皮、山奈、大葱、老黄姜、食盐、味精、鸡精、花椒油和鲜汤熬制而成。

花椒脆皮手

烧椒拌猪脚

原料 |

猪脚500克　五香卤水1锅　春笋100克　烧青椒50克　大蒜末15克　韭菜末15克　折耳根节12克　小米辣圈8克　油酥花生20克　鲜木姜子2克　酱油5毫升　食盐3克　味精1克　辣鲜露8毫升　香油2毫升　葱花10克

制法 |

①猪脚治净，入卤水锅中卤熟后捞出，晾凉后剁成块，摆在垫有春笋节（先入水汆熟）的盘中。

②烧青椒剁成粒，与大蒜末、韭菜末、折耳根节、小米辣圈、油酥花生、鲜木姜子、酱油、食盐、味精、辣鲜露、香油一同拌匀，浇在盘中猪脚上，最后撒上葱花即成。

"猪天堂"是四川人对"猪牙梗"的俗称，即猪的上牙膛肉。猪天堂口感脆爽，烹饪方法不少，既可红烧、爆炒、卤制，也可入火锅烫煮。这道剁椒猪天堂，是将猪天堂用川式白卤水卤熟后，再加入剁椒末、姜米、蒜米等调料拌制而成。

🌸 原料

猪天堂120克　鲜核桃仁30克　西米200克　川式白卤水1锅　剁椒末30克　姜米10克　蒜米10克　味精0.5克　食盐2克　鸡粉1克　墨鱼汁3毫升　花椒油5毫升　自制红油20毫升　色拉油500毫升

🔍 制法

①猪天堂治净，入川式白卤水中卤熟，捞出后切成大丁。

②西米用开水浸泡发涨，捞出沥干水分，入盆中加入适量墨鱼汁拌匀调色，再用烘干机烘烤数小时至干。炒锅中入色拉油烧热，下西米炸至酥脆后捞出，沥干余油，摆入特制盛器内垫底。

③将剁椒末、姜米、蒜米、味精、食盐、鸡粉、花椒油、自制红油、猪天堂丁、鲜核桃仁依次入盆，拌匀后装入盛器内的西米脆上稍加点缀即成。

剁椒猪天堂

酱香边骨

此菜是在东北酱骨头的基础上改良而来。卤熟后的边骨，肉质细嫩、酱香浓郁，因在卤制过程中加入了咖喱粉，所以成菜带有淡淡的黄色。

原料

猪边骨500克　海鲜酱50克　排骨酱50克　甜面酱100克　咖喱粉15克　蚝油50克　十三香10克　鲜露30毫升　胡椒碎3克　鲜汤1500毫升

制法

①将猪边骨砍成均匀的条，入沸水锅中氽熟备用。

②鲜汤入锅，放入海鲜酱、排骨酱、甜面酱、咖喱粉、蚝油、十三香、鲜露和胡椒碎烧开，再放入猪边骨卤制8~10分钟后关火浸泡。走菜时，捞出摆盘即成。

制作关键

猪边骨一定要氽熟，且不能卤得过于软烂。

🌿 原料丨

猪脚650克　柱侯酱30克　排骨酱20克　芝麻酱10克
花生酱10克　食盐10克　姜片20克　葱节10克　菜籽油适
量　川式香辣卤水50毫升　五香辣椒面10克　香菜末3克

🔍 制法丨

①猪脚治净，对剖为二后入盆，加入柱侯酱、排骨
酱、芝麻酱、花生酱、食盐、姜片、葱节腌渍8小时，上笼
蒸熟后取出晾凉。

②炒锅中入菜籽油烧热，将猪脚入油锅中炸至表面略
硬时捞出，经改刀后装盘，淋入适量的香辣卤水，撒上五
香辣椒面、葱花和香菜末即成。

酱香猪脚

醋香糯蹄

🌸 原料 |

　　新鲜猪前蹄600克　小乳瓜100克　香醋40毫升
豆豉油20毫升　生抽20毫升　辣鲜露10毫升　藤椒油5毫
升　白糖3克　鲜汤80毫升　青二荆条辣椒圈8克　红
小米椒圈3克　白卤水1锅　味精1克　鸡精1克

🔍 制法 |

　　①猪蹄治净，用白卤水卤熟后捞出去骨，再切成
均匀的长方块；小乳瓜切块备用；另将鲜汤、香醋、
豆豉油、生抽、辣鲜露、藤椒油、味精、鸡精、白糖、
青二荆条辣椒圈和红小米椒圈调匀成鲜椒醋汁。

　　②将小乳瓜块放入盛器中垫底，再放上猪蹄长
方块，倒入调好的鲜椒醋汁即成。

此道干拌肺片，有别于用干辣椒面、干花椒面做成的传统干拌菜，它采用鲜尖椒和藤椒调味，突出的是一种鲜麻、鲜辣的风味。

🫒 原料 ▏

牛心200克　牛舌200克　牛金钱肚200克　白卤水1锅　青尖椒10克　红尖椒10克　香菜15克　芹菜10克　食盐3克　藤椒油5毫升

🔍 制法 ▏

①牛心、牛舌、牛金钱肚治净，入白卤水中卤熟后捞出，晾凉后切成薄片；另将青尖椒、红尖椒、香菜、芹菜切成碎末。

②将肺片（牛心、牛舌、牛金钱）200克，用食盐、青尖椒末、红尖椒末、香菜碎和芹菜碎拌匀，再淋入少许藤椒油拌匀即成。

干
拌
肺
片

新法夫妻肺片

原料

牛舌150克　牛肉150克　牛肚150克　黄瓜150克　刀口辣椒30克　芹菜粒10克　香菜末10克　酥花生碎10克　香椿苗5克　葱丝3克　红辣椒丝少许　卤水150毫升　牛肉酱20克　白糖5克　蒜泥5克　食盐20克　生抽10毫升　花椒粉5克　辣椒粉2克　花椒油20毫升　味精2克　鸡粉1克　白芝麻2克　香辣红油100毫升　五香卤水一锅

制法

①将牛舌、牛肉、牛肚放入五香卤水中卤熟，捞出晾凉后，再切成薄片叠放在一起，与黄瓜片在盘中摆成波浪形。然后在盘里放上刀口辣椒、芹菜粒、香菜末、酥花生碎、香椿苗、葱丝和少许红辣椒丝。

②将卤水、牛肉酱、白糖、蒜泥、食盐、生抽、花椒粉、辣椒粉、花椒油、味精、鸡粉、白芝麻和香辣红油调匀成麻辣味汁，浇在盘中牛肉片、牛肚片、牛舌片和黄瓜片上，食用前拌匀即可。

此菜是在传统川菜"夫妻肺片"的基础上稍加改进而成，取名老皇城肺片，意在突显其厚重的传统底蕴。

原料 |

卤牛头皮50克　　卤牛心50克　　卤牛筋50克　　卤牛肚50克　　卤牛肉50克　　五香卤水80毫升　　姜米10克　　蒜米10克　　食盐1克　　鸡精1克　　味精1克　　糖水2毫升　　红油10毫升　　花椒粉1克　　香菜末2克　　芹菜末5克　　碎熟芝麻3克　　酥花生末5克　　葱花3克

制法 |

将卤好的牛头皮、牛心、牛筋、牛肚和牛肉切成大片，整齐摆放在窝盘里；在五香卤水中加入姜米、蒜米、食盐、鸡精、味精、糖水、红油、花椒粉、香菜末和芹菜末兑成麻辣味汁，浇淋在盘中肉片上，最后撒上熟芝麻、酥花生碎和葱花即成。

老皇城肺片

藤椒牦牛肉

🌸 原料

高原牦牛肉400克　新鲜藤椒100克　香菜10克　香葱段10克　柠檬片2片
胡萝卜块15克　姜片8克　自制香料粉10克　料酒5毫升　食盐8克　鸡精2克
味精1克　藤椒油200毫升　达州油卤水1锅　熟芝麻1克

🔍 制法

①将高原牦牛肉冲净血水，改刀成7厘米左右的长条，加食盐、鸡精、味精、香菜、香葱段、柠檬片、胡萝卜块、姜片、料酒腌渍约20分钟。

②将腌渍好的牦牛肉条入开水锅中汆去血水后捞出沥干水分，再放入达州油卤水中用大火卤制10~12分钟至熟，关火浸泡10分钟后捞出晾凉。

③在锅中放入藤椒油和油卤水（两者比例为1∶2），再加入自制香料粉、新鲜藤椒，用小火熬出香味后即成藤椒卤汁，起锅倒入盆中。

④将卤好的牦牛肉条浸泡在藤椒卤汁中，待食材充分浸泡入味后捞出装盘，最后撒上熟芝麻，稍加点缀即成。

🦐 制作关键

自制香料粉是取适量香叶、八角、桂皮、山柰、高良姜、砂仁、丁香、草果、白芷、小豆蔻、灵香草、肉豆蔻、陈皮、甘草、山楂、黄栀子和桂圆，打成细粉后制成。

原料 |

卤牛肉250克　　干二荆条辣椒50克　　葱花5克　孜然粉3克　味精1克　鸡精1克　白糖1克　辣椒面5克　花椒油3毫升　菜籽油500毫升　熟芝麻3克

制法 |

①卤牛肉切成条；干二荆条辣椒剪成长段，入锅炒至味香、质脆后待用。

②锅中入菜籽油烧热，下牛肉条炸至酥脆后捞出沥油。

③另起一锅，入菜籽油烧热，先下牛肉条、干二荆条辣椒段翻炒均匀，再放入花椒油、味精、鸡精、白糖、孜然粉、辣椒面、葱花炒匀出锅，装盘时撒上熟芝麻即成。

原料 |

牛肉500克　料酒200毫升　姜片50克　葱节50克　胡椒粉3克　洋葱50克　芹菜20克　香菜20克　干辣椒节10克　干红花椒10克　食盐10克　自制辣椒粉7克　自制花椒粉5克　白卤水1锅　色拉油1000毫升

制法 |

①牛肉治净，用料酒、姜片、葱节、胡椒粉、洋葱、芹菜、香菜、干辣椒节、干红花椒和食盐拌匀腌渍2小时。

②将腌渍好的牛肉入开水锅中汆水后捞出，再放入白卤水中卤制40分钟，关火浸泡30分钟后出锅。

③将卤熟的牛肉顺筋改刀成厚1厘米，长、宽均为6厘米的方片，再用木棍捶打至松软。

④炒锅中放色拉油烧至五成热时，下捶松的牛肉片炸至酥香后起锅沥油，然后加入自制辣椒粉和自制花椒粉拌匀，装盘后稍加点缀即成。

● 制作关键 |

①此菜是选用四川射洪本地的放养黄牛——"牛霖肉"制作而成。用木棍捶打卤熟后的牛肉片，是为了松懈牛肉纤维，使其更利于手撕。

②制作本道菜品所用白卤水的原料配方为：猪棒骨10千克、八角25克、香叶10克、小茴香8克、桂皮10克、白豆蔻10克、山柰10克、干辣椒节10克、干红花椒5克、胡椒粉5克、姜片200克、大葱200克　食盐200克　鸡精50克　味精50克

手撕方块牛肉

脆椒嫩牛肉

🌶 原料 |

牛肉150克　香辣酥150克　炸定型的面皮1张　卤水1锅　自制腌料15克　自制麻辣荔枝酱料15克　大豆油150毫升

🔍 制法 |

①牛肉入盆，放入自制腌料拌匀，冷藏腌渍两天，然后将腌好的牛肉入沸水锅中汆一水，再放入卤水锅中卤至八分熟后捞出，冷却后切成约2厘米见方的块，入油锅炸至酥香后捞出沥油。香辣酥剁碎。

②炒锅放入大豆油，烧热后加入自制麻辣荔枝酱料和少许纯净水，用小火慢熬至汤色黄亮，然后下牛肉块和香辣酥碎翻炒均匀后出锅，晾凉后放在面皮上装盘即成。

🦑 制作关键 |

①该菜的口感好不好，主要取决于自制腌料和自制麻辣荔枝酱料的配比。

②自制腌料的做法：将格尔木盐湖精选食盐炒至发黄、出香，倒入盆内，加入鲜迷迭香20克、八角10克、香叶10克、小茴香15克、十三香1包和适量蔬菜汁拌匀即得。

③自制麻辣荔枝酱料的做法：锅内放入少许芝麻油，加入精盐15克、白糖60克、恒顺陈醋20毫升、老陈醋20毫升、大王酱油30毫升、花椒油10毫升、红油5毫升拌匀即得。

🌸 原料 |

仔兔200克　永川豆豉15克　油卤水1锅　辣椒丝10克　花椒3克　料酒5毫升　葱节10克　姜片10克　食盐8克　熟芝麻2克　苦苣5克　大豆油500毫升

🔍 制法 |

①仔兔去掉大骨后治净，加入料酒、葱节、姜片、食盐腌渍3小时，然后入开水锅中汆一水，再放入油卤水中卤制40分钟，捞出沥油、晾干后，用手撕成大小差不多的块。

②净锅入大豆油烧至五成热，下兔肉块炸至外酥里嫩后捞出沥油。

③锅留底油少许，先下永川豆豉、花椒、辣椒丝炒香，再下炸好的兔肉块翻炒均匀，关火后撒入熟芝麻，晾凉装盘，用苦苣点缀即成。

豉香嫩仔兔

干烧蹄筋

🍲 原料

鲜牛筋300克　五香卤水1锅　笋尖150克　菜心100克　八角1克　桂皮1克
香叶1克　香菜3克　姜片5克　葱花5克　蒜末5克　干辣椒节8克　花椒2克
食盐10克　煳辣油20毫升　泡菜粒15克　泡姜粒10克　豆瓣酱10克

🔍 制法

①将牛筋用八角、桂皮、香叶、香菜、姜片、葱花、蒜末、干辣椒节、花椒和少许食盐腌渍入味，再放入高压锅中，加五香卤水压制40分钟至软糯，取出改刀成小块。

②新鲜笋尖改刀成段；菜心剖开后汆水至熟，沥水后摆在盘边。

③锅中放煳辣油，倒入泡菜粒、泡姜粒、豆瓣酱煵香，再入蹄筋块、笋尖段烧入味，收汁后起锅盛在垫有菜心的盘中，点缀上少许香菜即成。

琥珀牛肉

原料 |

牛腱子肉500克　白卤水1锅　红椒粒10克　白糖100克　食盐15克　味精1克　辣椒粉20克　花椒粉5克　香醋20毫升　熟芝麻5克　色拉油20毫升　菜籽油1000毫升

制法 |

①将牛腱子肉入白卤水中卤熟后切丁，再放到六成热的菜籽油中炸至表面酥脆后捞出沥油待用。

②锅里放少量色拉油烧热，下白糖炒化后，调入食盐、味精、辣椒粉、花椒粉和香醋，待糖液浓稠时，放入炸过的牛肉丁粘裹均匀，再放入熟芝麻翻炒均匀，待糖液凝固后出锅装盘，点缀上红椒圈即成。

古法酱黑鸭

🌸 原料 |

土麻鸭1只（重约1200克）　姜块20克　葱节15克　花雕酒15毫升　鸡饭老抽10毫升　叉烧酱30克　海鲜酱20克　五香卤水1锅　熟芝麻1克　色拉油2000毫升

🔍 制法 |

①土麻鸭宰杀后治净，用姜块、葱节、花雕酒腌渍两小时。将腌渍好的土麻鸭用鸡饭老抽抹匀上色，入烧至六成热的色拉油中炸至紧皮后捞出沥油。

②将炸过的土麻鸭放入五香卤水锅，卤约30分钟至肉质软熟后捞出。

③锅中倒入叉烧酱、海鲜酱，加入少许卤水，用大火收浓成酱汁，盛出一部分撒上熟芝麻作为蘸碟，再将剩余的部分均匀地涂抹在卤熟的鸭身上，斩块装盘后即成。

第六讲　至味卤菜烹饪实例

171

🔥 原料

牛金钱肚500克　香菜节20克　洋葱丝20克　蒜泥10克　花椒20克　干辣椒丝10克　卤水1锅　姜片10克　葱节10克　食盐8克　料酒10毫升　味精1克　鸡精1克　胡椒粉2克　酱油2毫升　白糖0.5克　熟菜籽油80毫升

🔍 制法

①牛金钱肚洗净后入盆，加入姜片、葱节、料酒、胡椒粉、食盐拌匀静置腌渍24小时，然后投入沸水锅中汆一水，再入卤水中用小火卤熟，取出用托盘压平定型后切成薄片。另将花椒、干辣椒丝装入不锈钢调料盆内，淋入七成热的熟菜籽油炝香出色，放置一夜即得麻香油料。

②在卤牛肚片中加入蒜泥、麻香油料及炝香的花椒和干辣椒丝，再放入香菜节、洋葱丝、食盐、味精、鸡精、酱油、白糖和少许卤水拌匀即成。

🐢 制作关键

此菜体现麻辣味的方式比较特殊，即麻香味重于辣香味。它是将整粒花椒和干辣椒丝一同用高温熟菜油炝制，从而激发出花椒的香麻味和辣椒的煳辣味用于拌菜。在用量上，花椒多于辣椒，意在突出麻香味。

炝椒拌金钱肚

莲花麻辣鸡

原料

土鸡1只（约1800克） 姜米10克 蒜泥20克 辣椒面50克 菜籽油200毫升 花椒10克 姜片20克 葱节20克 料酒15克 熟芝麻3克 五香麻辣卤水1锅

制法

①土鸡宰杀后治净，放入加有姜片、葱节、料酒的清水锅中汆去血水，然后放入五香麻辣卤水锅中卤熟至入味后捞出，晾干表面水分待用。

②锅中入菜籽油烧至四成热后，倒入装有辣椒面和花椒的盆里搅匀激香，即得自制麻辣油。

③将卤熟的土鸡斩成块，加入姜米、蒜泥和自制麻辣油拌匀，装盘后撒上熟芝麻即成。

川卤小甲鱼

🌸 原料 |

小甲鱼500克　川式五香卤水1锅　菜籽油1000毫升　食盐10克　姜片15克　葱节15克　料酒20毫升　鸡精2克　味精1克

🔍 制法 |

①甲鱼宰杀后治净，用食盐、姜片、葱节、料酒、鸡精、味精腌渍3小时左右。

②锅内入菜籽油烧至六七成热时，将腌渍好的小甲鱼入锅炸至定型后捞出沥油。

③锅置火上，倒入川式五香卤水浇沸，放入炸定型的小甲鱼卤制20分钟，再离火浸卤半小时即成。

酒香猪肝

原料

鲜猪肝2500克　葱节50克　姜片25克　老抽400毫升　生抽600毫升　白糖500克　古越龙山料酒375毫升　味精15克　香料（八角3个、桂皮8克、香叶4片、干辣椒10克）　干辣椒面30克

制法

①鲜猪肝改刀成块，用牙签扎眼后冲水至发白，汆水后备用。

②锅内掺入清水，放入汆过水的猪肝和葱节、姜片，大火烧开后改小火煮20～25分钟，将猪肝捞出，用保鲜膜封好。

③把老抽、生抽、白糖、古越龙山料酒、味精和香料放入锅中上火熬开，离火放凉后，放入猪肝浸泡两天。上桌前捞出猪肝改片装盘，配上干辣椒面即成。

制作关键

之所以要将煮熟的猪肝用保鲜膜封好，是为了防止其变黑、变硬。

第六讲　至味卤菜烹饪实例

175

香卤带鱼

1.调制五香甜咸卤水

🌿 原料

生抽1000毫升　　老抽250毫升　　白糖2500克　　八角20克　山奈5克　　桂皮10克　　香叶5克　　小茴香10克　　姜片50克　葱节30克　　食盐50克　　味精10克　　鸡精10克

🔍 制法

锅置火上，掺入10升清水烧沸，倒入生抽、老抽，接着下姜片、葱节、白糖、八角、山奈、桂皮、香叶和小茴香，调入食盐、味精和鸡精，用小火熬至汤汁出香、浓稠后，即得五香甜咸卤水。

🐟 制作关键

①熬制此卤水需加入大量白糖以突出卤汁的甜味和增加黏稠度，并促进卤汁附着于原料表面及浸入原料内部。

②在熬制卤水的过程中，应采用小火并保持微沸状态，防止因火力过大而造成卤水焦煳、变味。另外，此卤水还要突出香料散发的五香味。

2.卤制带鱼

🌸 原料 |

小带鱼1000克　高度白酒15毫升　色拉油500毫升　五香甜咸卤水1锅

🔍 制法 |

①斩去带鱼头尾、抠出内脏后洗净，先斩成小块，再用高度白酒拌匀腌渍。

②锅中入色拉油烧至六成热时，放入带鱼块炸至表面酥脆起壳后捞出沥油，待油温下降至四成热时，放入带鱼块复炸至质地酥脆、色泽金黄后捞出沥油。

③将五香甜咸卤水锅上火烧沸，趁热倒入炸酥的带鱼块，浸卤至入味并粘裹上部分卤汁后捞出沥干汁水，再放入大不锈钢盘里摊开晾冷，然后送入冰箱急冻，待其冷透后取出装盘即成。

🕸 制作关键 |

①制作此款菜肴宜选用个头较小的带鱼，既便于炸酥炸透，又利于短时间内浸卤入味。用高度白酒腌渍的目的是去除带鱼的腥异味。

②带鱼块必须经两次炸制，且前后两次的油温不一样：第一次要用较高的油温把带鱼块炸定型；第二次用较低的油温把带鱼块浸炸至内酥外脆。

③在炸制带鱼的同时，卤水锅必须处于沸腾状态，将炸好的带鱼块捞出沥净油脂后，应趁热倒入卤水锅里卤制，这样更有利于快速渗透入味。带鱼块在卤水锅里浸卤的时间比较短，仅需5秒钟左右即可。

④此款香卤带鱼是通过卤汁浸入原料内部和表面粘裹相结合的着味方式。另外，将卤好的带鱼放入冰箱急冻冷透，是为了后续进一步渗透入味，但不能冻硬出冰块，否则会适得其反。

🐝 原料 |

去骨鸭掌150克　皮蛋150克　烧椒100克　姜块20克　葱节15克　芹菜15克　胡萝卜20克　香料10克　蒜末8克　小米椒末5克　花椒面2克　鸡精1克　味精1克　复制酱油2毫升　辣鲜露3毫升　香醋1毫升　藤椒油5毫升　生菜油5毫升

🔍 制法 |

①鸭掌初加工后治净，放入加有姜块、葱节、芹菜、胡萝卜、香料的白卤水中卤熟，捞出改刀；皮蛋去壳后改刀成小块。

②将鸭掌、烧椒和皮蛋块放入拌菜盆里，加入适量蒜末、小米椒末、花椒面、鸡精和味精，淋入适量复制酱油、辣鲜露、香醋、藤椒油和生菜油拌匀装盘即成。

🪼 制作关键 |

复制酱油的做法：往锅里倒入1碗清水及东古酱油1.6升、陶大酱油0.5升，再放入冰糖、适量洋葱碎、二荆条辣椒、姜片、大红椒、大青椒、广红碎、蒜苗节、芹菜、香菜、香叶、八角、桂皮、山柰、干海椒、花椒、鸡精和味精，经大火烧开后转为小火，熬煮至汤汁较为浓稠时关火，打去料渣便得复制酱油。

烧椒拌鸭掌

水煮鹅片

🌸 原料 |

鹅脯肉300克 熟豆腐皮50克 熟豆芽100克 干辣椒节10克 花椒5克 姜米8克 蒜米8克 葱花10克 姜葱汁15毫升 熟芝麻3克 食盐2克 黄酒5毫升 味精1克 鸡精1克 郫县豆瓣5克 刀口辣椒8克 花椒面2克 红薯淀粉15克 水淀粉20毫升 卤水50毫升 鲜汤240毫升 菜籽油适量

🔍 制法 |

①鹅脯肉治净后切成片，用姜葱汁、食盐、黄酒、红薯淀粉码味上浆，再入沸水锅中烫熟后捞出沥去余水。

②取一净锅，入菜籽油烧至四成热时，下姜米、蒜米、郫县豆瓣炒香出色，掺入卤水、鲜汤烧沸后放入鹅肉片，然后调入食盐、味精、鸡精，用水淀粉勾芡后出锅，装入垫有熟豆腐皮、熟豆芽的盆里，撒上蒜米、刀口辣椒，浇上用热油炝香的干辣椒节和花椒，最后撒上花椒面、葱花、熟芝麻即成。

烧椒鲍鱼

⚘ 原料

新鲜大连鲍鱼400克　二荆条辣椒200克　川式卤水1锅　葱花10克　食盐2克　生抽3毫升　熟菜油3毫升

🔍 制法

①将鲍鱼逐一清洗干净并剞花刀，然后放入川式卤水锅中用小火卤熟后捞出。

②将二荆条辣椒置小火上烧成烧椒，再置案板上切碎。

③在拌菜盆里放入鲍鱼、烧椒碎、食盐、生抽和熟菜油拌匀，装碗时撒些葱花即成。

🐚 原料 |

带壳鲜鲍10只 高度白酒3毫升 香油5毫升 花椒油5毫升 五香卤水1锅

🔍 制法 |

带壳鲜鲍刷洗干净，沥干水分后，将肉面朝下、壳面朝上摆入卤水锅中，淋入少许白酒，用小火浸卤20分钟，然后将鲍鱼翻面继续卤制5分钟，至汤浓肉熟后，淋入香油和花椒油装盘即成。

🐟 制作关键 |

①鲜鲍鱼不必除去内脏和硬壳，以保持鲍鱼本身的自然鲜香味，但必须把表面的污垢和壳上附着的海藻刷洗干净，否则会影响成菜的味道。

②卤水用量以刚好淹没鲍鱼为度，这是因为卤制鲍鱼的卤水一般不会反复使用，故卤水的用量一般都比较少。在卤制时要先把肉面朝下，然后翻面。

③卤制时只需用小火慢卤至汤汁略微浓稠时即可，此过程有点儿类似烧焖的方式。另外，出锅前淋些香油和花椒油，是为了增添一点香麻味，但用量不宜过多。

现卤鲜鲍

🦐 食材加工

①选虾：一般选择每只重量在45克左右的青背小龙虾，因为青背小龙虾的壳比较软，易入味，而红虾的壳较硬。此外，公虾的腹部有像虾脚一样的突出部位，而母虾没有，并且大钳要小一些，但有虾黄。

②洗虾：将活虾放在盆里用清水浸没，另加食盐和白醋搅匀（一般要求是清水5升、食盐50克、白醋100毫升、虾1000克），促使其吐出杂质，然后用刷子刷净虾身表面，用清水洗净。

③剪虾：用剪刀从虾头顶部直下剪去一半，剔除污物，再用手握住虾尾中间的一节左右摇动扯出虾线，然后用剪刀从尾部进刀向前剪开，清洗干净后备用。

🌾 原料

青背小龙虾5000克　干辣椒节200克　青花椒100克　郫县豆瓣酱50克　糍粑辣椒200克　姜片100克　葱节100克　大蒜瓣200克　洋葱块50克　啤酒2瓶（约1000毫升）　香料（白芷70克、茴香60克、孜然50克、八角25克、山柰30克、黑胡椒25克、砂仁20克、丁香5克、荜拨20克、桂皮15克、白豆蔻50克、红豆蔻20克、香茅草35克、草果30克、玉果35克）菜籽油1000毫升　清水10升化猪油200毫升　食盐50克　味精30克　鸡精30克　胡椒粉20克　藤椒油100毫升

🔍 制法

①先将各种香料放入粉碎机中打成中粗粉，再装入纱布袋制成香料包；干辣椒节和青花椒装入另一个纱布袋中。

②锅中入菜籽油1000毫升烧至七八成热，投入姜片、葱节、洋葱块和大蒜瓣炸至色黄、出香后，下入郫县豆瓣酱和糍粑辣椒炒香、出色，出锅倒入不锈钢桶里，掺入清水10升，放入化猪油200毫升、香料包和干辣椒包，开火熬制30～40分钟至出香后即得辣卤水。

③从卤水锅中捞出香料包和干辣椒包，打去料渣，调入食盐、味精、鸡精、胡椒粉和藤椒油，倒入啤酒烧开。

④将小龙虾入七八成热的油锅中炸约10秒钟，至外表金红时捞出沥油，然后倒入卤水锅中用小火卤煮20分钟至入味后捞出沥水，放入托盘中晾凉，装盘后淋入少许卤汁，点缀上香菜叶即成。

卤煮小龙虾

◆ 制作关键 |

①卤制小龙虾要选用洗净的青背小龙虾。香料比例要恰当，

打成中粗粉即可，不能打得过细，否则容易从纱布袋中渗出。

②姜片、葱节、洋葱块和大蒜瓣一定要炸出香味，郫县豆瓣和糍粑辣椒也要炒出颜色。熬卤水必须用小火，以防止水分蒸发过快。卤水的熬制时间必须足够，这样更利于香料充分释放出香味。

③由于小龙虾的土腥味较重，因此，该辣卤水仅限于单次使用，不建议重复卤制。上述卤水配量可卤制25千克小龙虾，若一次用不完，可分多次卤制，但每次卤制前，都必须及时补味。

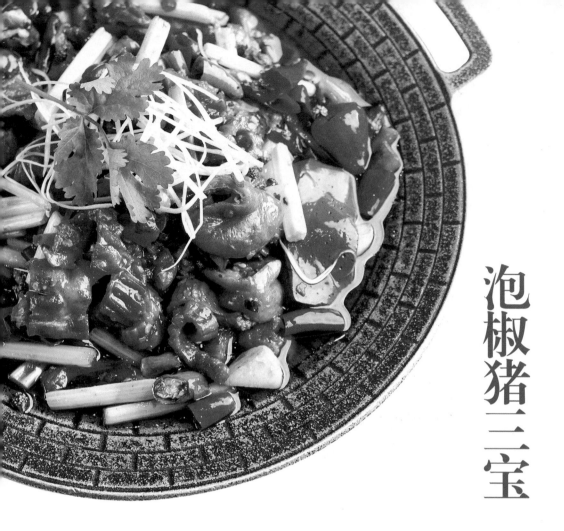

泡椒猪三宝

🌸 原料 |

卤猪肥肠200克　卤猪天梯200克　猪血200克　芹菜节80克　泡椒节50克
泡子姜片30克　蒜片20克　葱丝12克　食盐3克　黄酒5毫升　味精1克　鸡精1克
水淀粉20毫升　化猪油、菜籽油各适量

🔍 制法 |

①卤猪肥肠、卤猪天梯分别切块，猪血切片，下入加有食盐的沸水锅中汆一水，捞出后沥水。

②取一净锅，放入化猪油、菜籽油烧至四成热时，下泡椒节、泡子姜片、蒜片炒香出味，然后放入卤猪肥肠块、卤猪天梯块、猪血片，调入食盐、黄酒、味精、鸡精炒入味，用水淀粉勾薄芡后起锅装盘，撒上葱丝和芹菜节即成。

炭火烤猪蹄

🌸 原料 |

猪蹄2根（约700克）　炸土豆条60克　干辣椒节10克
花椒5克　姜片10克　葱节10克　熟芝麻3克　葱花8克　食盐5克
黄酒10毫升　味精2克　鸡精1克　白糖1克　辣椒面5克　孜然粉3
克　香油、菜籽油各适量　卤水1锅

🔍 制法 |

①猪蹄治净后对剖成两半，用姜片、葱节、黄酒腌码两
小时，放入清水锅中汆透后捞出，再入卤水锅中卤至软熟，
捞出沥去多余的卤水。

②将卤猪蹄送入烤箱里烤至皮脆肉糯后取出，再斩成块。

③取一净锅，入菜籽油烧至四成热时，先下干辣椒节、
花椒炝香，再入烤猪蹄块，调入食盐、味精、鸡精、白糖、
辣椒面、孜然粉炒匀，淋入香油后出锅，装在垫有炸土豆条
的盘子里，最后撒上熟芝麻、葱花即成。

牛蝎子卤味火锅

🌾 原料 |

黄牛蝎子2000克　火锅底料300克　干辣椒节30克　花椒10克　姜片15克　葱节20克　食盐10克　黄酒10毫升　味精5克　鸡精3克　冰糖2克　卤水500毫升　鲜汤2000毫升

🔍 制法 |

①将黄牛蝎子锯成小块，洗净后放入加有姜片、葱节、食盐、黄酒的清水锅中，用大火烧开煮2分钟后捞出冲洗干净。

②取一生铁火锅盆，放入火锅底料、干辣椒节、花椒、姜片、葱节、食盐、黄酒、味精、鸡精、冰糖，掺入卤水、鲜汤熬开，下入黄牛蝎子块卤煮软熟即成。

原料

草鱼1尾（约750克）　干辣椒节10克　花椒5克
油辣椒面10克　熟花生碎20克　熟芝麻5克　姜片10克
葱节15克　葱花5克　食盐10克　黄酒8毫升　味精2克　鸡
精1克　水淀粉20毫升　卤水100毫升　色拉油80毫升

制法

①草鱼宰杀后治净，在鱼身两面各剞几道"一"
字刀，用食盐、黄酒、姜片、葱节腌码10分钟，然后
入笼，用大火蒸约7分钟后取出，拣去姜、葱不用。

②取一净锅，倒入卤水烧沸，调入味精、鸡精，
用水淀粉勾二流芡，出锅淋在鱼身上，再均匀撒上油
辣椒面、葱花、熟花生碎、熟芝麻，最后淋上用热油
激香的干辣椒节、花椒即成。

煳辣卤水鱼

豆筋炒卤肥肠

🌸 原料 |

卤肥肠300克 卤豆筋100克 芹菜节50克 香菜节20克 小米椒节20克 青椒节20克 姜米5克 蒜米5克 辣鲜露5毫升 食盐1克 料酒5毫升 白糖1克 老抽1毫升 味精1克 鸡精1克 香油2毫升 花椒油2毫升 菜籽油1000毫升（约耗50毫升）

🔍 制法 |

①把卤肥肠、卤豆筋均切为长约3厘米的短节，分别下入烧至六成热的菜籽油中炸至表面色金黄、质酥脆时捞出，沥去余油待用。

②锅中留底油约100毫升，先投入小米椒节、青椒节、姜米、蒜米爆香，再下炸好的肥肠节、豆筋节，接着烹入适量料酒，放入芹菜节、香菜节，然后调入食盐、味精、鸡精、白糖、辣鲜露、老抽炒匀，起锅前淋入花椒油、香油颠匀，出锅后装入铁铲形盛器中即成。

小炒卤拱嘴

卤拱嘴240克　蒜苗50克　侧耳根50克　干辣椒节10克　小米椒节5克　花椒1克　食盐2克　生抽1毫升　白糖0.5克　味精0.5克　菜油30毫升

制法 |

①把卤制好的拱嘴切成薄片；蒜苗切成长约3厘米的短节；侧耳根择洗干净后切成长约5厘米的节。

②炒锅置火上，入菜油烧至五成热后，下干辣椒节、小米椒节和花椒焐香，再倒入猪拱嘴炒至肉质收缩，外形略为卷曲后，放入侧耳根节和蒜苗节炒匀，起锅前加入食盐、味精、白糖和生抽炒匀出锅装盘即成。